英彦山・犬ヶ岳山地の
自然と植物

熊谷信孝

海鳥社

英彦山・犬ヶ岳山地概念図

はじめに

　英彦山・犬ヶ岳山地は福岡県の東部にあって，それぞれを主峰として西の大日ヶ岳・釈迦ヶ岳から，東の経読岳・雁股山まで続く，大分県との県境の山域である。ここにある英彦山と求菩提山は平安時代から栄えた修験道の山であり，この一帯の山々も修験者の行場であった。そのために山は崇められ，自然は冒すことのできない聖域として大切に守られてきた。

　英彦山地は500－400万年前の火山活動でできたもので，最高峰の英彦山の南岳でも標高1200mとさほど高い山域ではないが，火山の長年にわたる浸食作用によりできた山容は，極めて複雑で奇峰奇岩に富み，多様な環境ゆえにブナやシオジなどの原生的な植生をはじめ，植物の種類も豊富である。すぐれた自然や修験道の歴史的遺産などによって耶馬日田英彦山国定公園に指定されている。

　この山域を1992年春に『英彦山地の自然と植物』（葦書房）で紹介したが，その印刷途中の1991年の秋に超大型台風の17号と19号が続けて襲来し，英彦山地は自然も神社の建物も壊滅的な被害を蒙った。結果として先の拙著は台風の被害を受ける前の状態を記録したものとなった。今回は1991年の台風以降の山容や植物群落，植物は福岡県のレッドデータブック作成のための調査などで新しく発見したものを加えて370種，台風による自然や神社などの被害状況，台風で壊滅状態になったブナ林を再生させようと始めた活動，台風後に急増したニホンジカの被害状況などを写真と文章で紹介した。

　英彦山は2004年に登山家の岩崎元郎氏により「新・日本百名山」に選ばれたこともあり，信仰の山，登山，観光の山として全国から多くの人が訪れている。本著が皆さんの山歩きの一助になれば幸である。

　収録範囲は英彦山（北岳・中岳・南岳），鷹ノ巣山（一ノ鷹巣・二ノ鷹巣・三ノ鷹巣），障子ヶ岳，岳滅鬼山などの英彦山山系，一ノ岳，犬ヶ岳（二ノ岳），大日岳（三ノ岳），求菩提山，経読岳などの犬ヶ岳山系，野峠から一ノ岳に至る帆柱山系と東峰村である。

　なお，植物の生育地や撮影場所などについては，種の保全のために詳細には示していない。

英彦山・犬ヶ岳山地の
自然と植物

目　次

はじめに　3

山地の景観　6／風化・浸食によってできた地形や奇岩　12
水源の山　14／霊山を巡る　16／植物群落　20

種子植物　裸子植物　26

種子植物　被子植物　32

シダ植物　204

巨樹・希少木　212／秋を彩る仲間　214／冬の山　216
1991年の台風被害　218／ブナ林の再生活動　224
シカの食害　226

解説・資料編　228

英彦山・犬ヶ岳山地の成立　230／植物相　232／植生　232／森のいとなみ──自然観察　247／1991年の大型台風17号・19号　255／ブナ林再生の取り組み　259／希少種をとりまく環境と種の保全　266／ニホンジカによる被害　269／花ごよみ　275

索引　278／参考文献　285／あとがき　287

二ノ鷹巣より三ノ鷹巣を望む

山地の景観

鷹ノ巣山　　　　　　　　　　英彦山
三ノ鷹巣　　　　　　　　北岳　　　中岳・南岳
　　二ノ鷹巣　一ノ鷹巣

▲岩石山山頂からの眺望

◀玉屋神社の岩上から中岳（中央）と南岳（右側）を望む

◀障子ヶ岳から中岳と南岳。右側には籠り水の大岩脈が見える
▼早春の望雲台と北岳。望雲台は高さが100mを超える垂直な岩壁

▼左＝裏英彦山側からの望雲台。岩上には天然のヒノキが生える／右＝北岳山頂から見る中岳と南岳

7

◀裏英彦山。北岳の南西斜面，ブナ林の下部にモミの群落がある

▲鷹ノ巣山。標識的なビュート地形として国指定天然記念物に指定されている。手前から一ノ鷹巣，二ノ鷹巣，三ノ鷹巣

◀籠り水の大岩脈。左奥の南岳側から見ると岩脈であることがよくわかる

▲茶臼山から犬ヶ岳方向。手前から縦に笈吊岩、三ノ岳（大日岳）、犬ヶ岳と続く。左後方は一ノ岳。大日岳の稜線にはツクシシャクナゲの大群落がある

▶犬ヶ岳山地にある竜門峡。険しい岩場が続く

▼左＝茶臼山から紅葉の経読岳
　右＝経読岳から犬ヶ岳への山並

▲求菩提資料館から求菩提山
◀経読林道より一ノ岳（毛谷村岳）のブナ・ミズナラの自然林

◀障子ヶ岳の西端の岩場

▲深倉峡の巨岩群。奇異な形の岩が林立している。
▼中岳山頂から万年山，九重連山を望む。方角を変えれば由布岳，鶴見岳，阿蘇山などの山々も見ることができる

風化・浸食によってできた地形や奇岩

▶玉屋神社の盾状の岩。神社一帯の岩場は修験者の古くからの行場であり聖域である。1991年の台風で岩上の草木は剥落した

▲左＝犬ヶ岳山地。竜門峡にある長さ15m，幅7mあまりの天然の岩洞穴
　右＝城井ノ上城趾の岩洞穴。戦国時代の武将，宇都宮氏の山城の裏門となっていたといわれる石門
▼左＝尖り岩。玉屋谷にあって岩上にはアカマツ，ゲンカイツツジ，イワヒバなどが生育している
　中＝烏天狗岩。玉屋谷の川沿いに立つ大岩で早春にはゲンカイツツジが咲く
　右＝男魂岩。深倉峡にあって秋には女岩との間をしめ縄で結び男魂祭が行われている

▲◀材木石，南岳。溶岩が急に冷やされてできた柱状節理で鬼の伝説を生んだ。反対側には柱の切り口の並ぶ大岸壁がある

▶上＝逆鉾岩。望雲台の内側にある凝灰角礫岩の奇岩。近くには屏風岩や筆立岩などと名づけられた岩もある
　下＝望雲台への道。高さ約30mのルンゼ（岩溝）があり，鎖がかかっている
▼薬師峠の堀り割り。火砕流でできた地層の断面を観察できる場所

水源の山

▲上=岩清水。北岳のブナ林に浸透した雨水が標高1000mの岩の割れ目から湧き出しコケを潤している
　下=シオジ林内の湧水。ブナ林に降った雨水が突如湧き出している所がある。水はまた大地に姿を消す

◀幻の二段滝。北岳と中岳の鞍部。標高1000mにかかる二段滝で、英彦山では最も高い所に位置している。上段の滝は落差約11m、下段の滝は約7m、水量は天候に左右され、落ちた水は間もなく伏流してしまう。今川源流の滝

◀汐井川上流の一枚岩の川床。鬼杉橋を中心に100m以上にわたって滑らかな川床が続く
▶三段の滝。深倉園地にあって滝見台が設けられている

◀玉垂の滝。犬ヶ岳山地恐淵の近くにある。水は水平の節理のある岩の長い斜面を水玉をはね飛ばしながら落ちる。美しい滝である
▶夫婦滝。恐淵渓谷にある。渓谷では大小多数の滝が連続して現れる

▼左＝タコ淵。城井川の上流，城井ノ上城址入口にある。縦7m，横20mの大きな淵
　右＝垂水の壺。裏英彦山道にある唯一の水場だが，清水が滴る程度のものである

霊山を巡る

- ▶中岳の山頂に建つ英彦山神宮の上宮。南岳の山頂より
- ▼銅の鳥居。表参道の出発点であるが，今はスロープカーができて，ここから歩いて登る人はほとんどいない

▲奉幣殿。彦山霊仙寺の大講堂として1616年に細川忠興が建立寄進したもので国の重要文化財。英彦山信仰の中心。

- ▶玉屋神社。高さ約30mの大岩壁の下の窟。周辺の岩場は修験者の古い時代からの重要な修行場であり，霊仙寺もここにあった
- ▼高住神社（般若窟）。高住神社は豊前坊とも呼ばれ，豊前と豊後の開拓の神を祀る。望雲台の西端に位置している

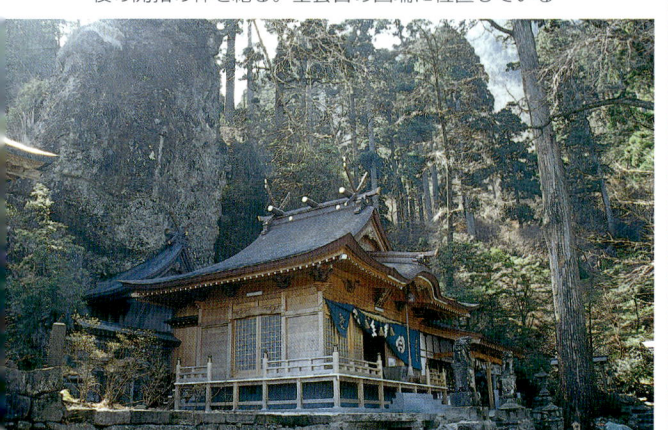

▲左＝大南神社。鬼杉の上方にある古い様式の建物で春峰48窟の1つ
　中＝学問社（文殊窟）。智室谷の下方にある岩窟で，岩上にはゲンカイツツジやシモツケなどが咲く
　右＝虚空蔵窟（智室窟）。智室谷の最上方にある岩窟で虚空蔵菩薩と弘法大師が祀られ，この東側には多くの板碑が並んでいる

◀今熊野窟の梵字岩。岸壁に3つの梵字が刻まれている。阿弥陀如来，胎蔵界大日如来，釈迦如来を表しているという
▶今熊野窟の磨崖仏。英彦山では唯一の磨崖仏で鎌倉時代に彫られた菩薩像。もう1体あったが剝がれ落ちている

◀大南窟。大南神社の奥にある縦に長い大きな岩窟
▶求菩提山の阿弥陀窟。求菩提山では標高約750mに安山岩質の崖があり，その崖下に大日窟，普賢窟などの5つの窟が並ぶ

▲求菩提山の岩屋坊近くの窟
◀求菩提山の石仏群

▲左＝熊野窟。筑前岩屋神社の境内にある英彦山修験道に係わる7世紀の建造物で重要文化財
　右＝宝珠岩屋の大日社。盾状の巨岩の下の岩窟

◀不動窟。求菩提資料館の上方，竜門谷を見渡す高い位置にある三重の塔は14世紀の作といわれる

▲山稜を巡る修験者たち。北岳山頂付近で
▶山中を巡る修験者たち。北岳のシオジ林内で

▲英彦山神宮の春の大祭で行われる御輿のおのぼり
▶護摩焚。毎年4月に多くの信者が集まって行われる

植物群落

▲ブナ林。英彦山地の標高1000m以上に分布する，最も重要な植物群落。直径が1m を超える巨樹が多数あり，林床にはクマイザサが密生している。中岳と北岳の鞍部
▼秋のブナ林。稜線の紅葉は10月10日頃に始まる。中岳

▲ミズナラ林。ブナ林を伐採して放置しておくと形成される代償植生。犬ヶ岳大竿峠

▼早春のシオジ林。シオジ林は安山岩の累積した谷間に発達する。シオジ林では春の芽立ちや開花は林床の草本に始まり，低木，小高木，高木へと上がっていく。北岳
▶秋のシオジ林。10月下旬に落葉すると，林内は急に明るくなる。北岳

▲左＝イヌシデ林。中岳北西尾根にはブナ林の代償植生としてのイヌシデ林がある
　右＝古いスギの人工林。高住神社の境内には江戸時代に植えられた350－400年の
　スギの美林がある。樹下にはアブラチャン，チドリノキ，イタヤカエデなどが
　生え，天然のスギ林ともいえる姿になっている
▼障子ヶ岳のヒノキ自然林。望雲台にもヒノキがある

▲犬ヶ岳のツクシシャクナゲ群落。大日岳一帯の群落は国指定の特別天然記念物。笈吊峠から茶臼山にかけての稜線にも多い。花期は5月上旬
▼玉屋神社近くのゲンカイツツジ群落。日当たりのよい乾燥した岩場にある。ゲンカイツツジは英彦山地の岩場に広く分布している。花期は3月下旬

▲鷹巣原高原スキー場のススキ・ネザサ草原。広さ約 7 ha，毎年草刈りが行われ草原が保たれている

◀(上から)
アブラチャン群落，崩壊地などの礫の多い斜面に発達する小高木の群落で，細い幹が多数株立ちしているのが特徴。笈吊峠下部／望雲台内壁の岩角地植物群落。天然ヒノキ，ヒカゲツツジ，ホツツジ，ダイモンジソウ，イワタバコなど種類が豊富／中岳山頂部のクマイザサ草原。かつてはブナとスギの混ざる群落があったが，1991年の台風で壊滅しクマイザサ草原になった

▶（上から）
ブンゴウツギの群落。水気の多い垂直な岸壁に発達している。花期は5月中・下旬。北岳／ヤマシャクヤクの群落。山の数カ所に小群落がある。花期は5月上旬／オオキツネノカミソリの群落。犬ヶ岳のうぐいす谷や英彦山の籠り水峠などに大きな群落がある。花期はうぐいす谷で7月下旬，籠り水峠で8月中旬

▼コケ層。シオジ林などの湿度の高い谷間の転石上に発達していて，日本庭園風の自然景観をつくり出している所が多い。中岳

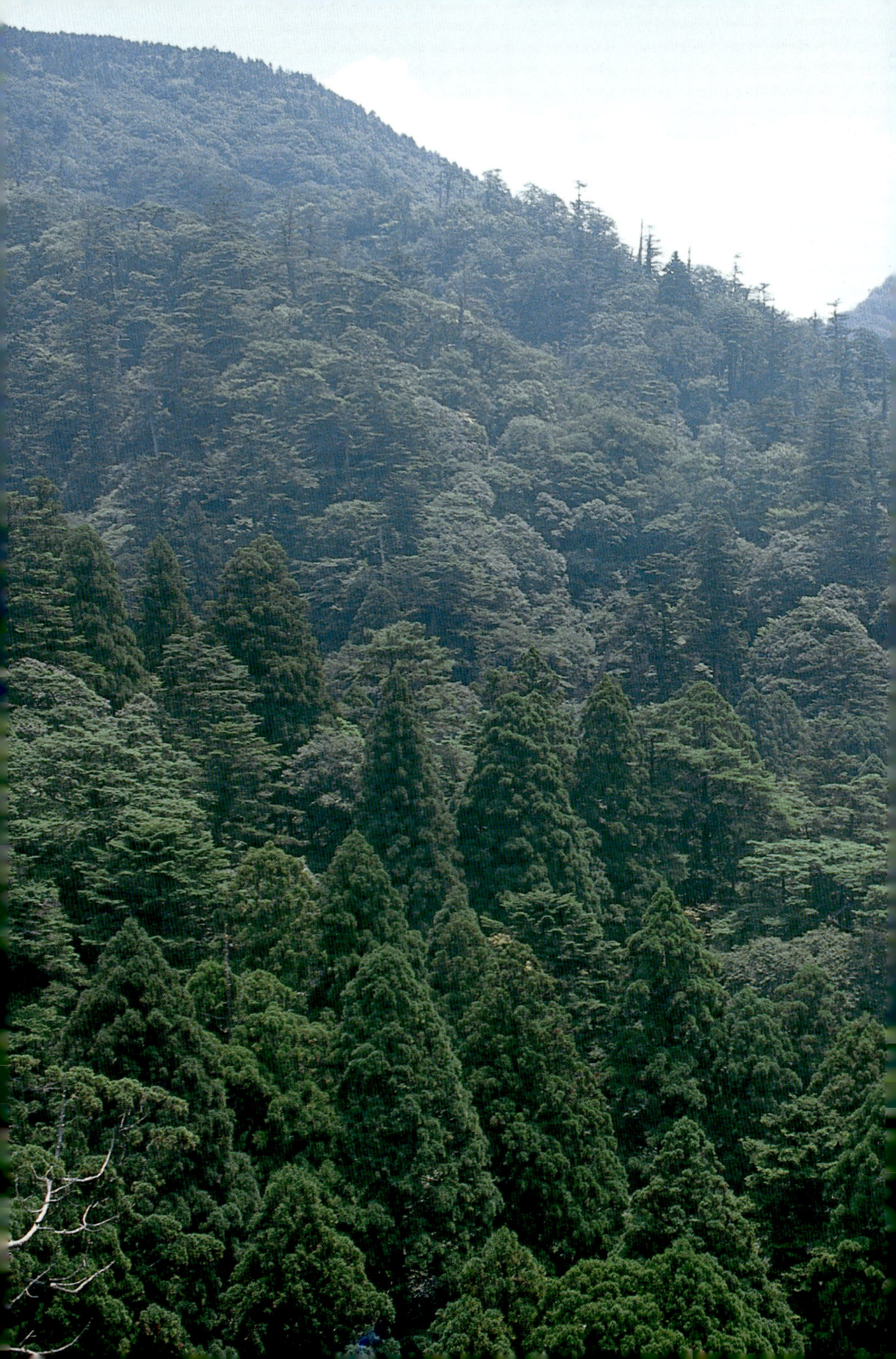

種子植物
裸子植物

南岳の千丈ヶ鼻から見たモミ・ツガの天然林。樹冠の尖った木はモミ，丸いものはツガや広葉樹，三角形はスギ

モミ

Abies firma Sieb. et Zucc.
マツ科

照葉樹林帯上部から夏緑樹林帯下部に分布している。英彦山では南岳の南西部，鬼杉一帯に多いが純林といえる所はほとんどなく，ツガを交えてモミ・ツガ林になっている。一般的にはモミはやや湿気のある地面に生え，ツガは乾燥する岩上に生えていることが多い。かつては帆柱山にもモミ林があったが，1991年の台風で数十本が倒れ壊滅した。鬼杉一帯では近年枯損木が多くなっている。モミは幹の直径が1.5m以上，高さは40mを超えるものがある。毬果は樹冠近くの枝につき，10月に成熟し円筒形で長さ9－13cm，径4－5cm，直立し灰緑色。英彦山ではハリモミが報告されている。

分布：本州・四国・九州（屋久島まで）
2007.7.30　英彦山

ゴヨウマツ（ヒメコマツ）

Pinus parviflora Sieb. et Zucc.　マツ科

本山地では鷹ノ巣山，犬ヶ岳，豊前市竜門などにある。いずれも大規模な岩場にある。竜門では1991年の台風で高木は倒れ，小さな株が育っている。鷹ノ巣山三ノ岳では本種と天然ヒノキとツガが混生しており，最大木は径52cm，高さ約8 m。葉は短枝に束生し5本，針形で長さ3－6cm，花期は5－6月，毬果は次の年の秋に熟し，卵状楕円形で長さ5－8cm，径3.5cm程度。

分布：北海道(南部)・本州・四国・九州
1999.4.3　鷹ノ巣山
毬果　2003.6.20　鷹ノ巣山

ツガ（トガ）

Tsuga sieboldii Carrière
マツ科

モミと同様に照葉樹林帯上部から落葉樹林帯下部に分布している。モミほど数は多くなく純群落をなすこともなく，モミと混ざるかまたは稜線上に散生する。常緑の高木で直径90cmを超える木がある。モミの樹冠が尖っているのに対し，本種はまるい。葉はモミより小さく柔らかで，にぎっても痛くない。毬果は10月頃成熟し広卵形－楕円状卵形で，長さ2.5cm，幅1.5cm程度，下垂して褐色。

分布：本州(福島県以南)・四国・九州
　　　(屋久島まで)
2007.8.4　英彦山

種子植物――裸子植物 | 29

スギ

Cryptomeria japonica (L. fil.) D. Don　スギ科

英彦山には天然記念物の「鬼杉」をはじめ，「天狗杉」や「後家杉」などの巨木があり，南岳にも巨木が散在している。スギは修験道や神社との係わりが深く，奉幣殿や高住神社には大スギがあり，また，1991年の台風で壊滅したが，表参道には「千本杉」があった。最近の研究で小石原の「大王杉」と銅の鳥居近くのお旅所の大スギのDNAが同じであることがわかった。小石原から行者が英彦山に持ち帰ったものである。写真は鬼杉の幹の上部にほかの木々の着生している様子を示した。

分布：本州・四国・九州（屋久島など）

2004. 7. 16　鬼杉

ネズミサシ（ネズ）

Juniperus rigida Sieb. et Zucc.　ヒノキ科

常緑の低木または高木で，英彦山や築上町などの日当たりのよい大きな岩上に育つ。高さ10mに達する高木があったが，1991年の台風で倒れ現在は小さな木しか残っていないようである。葉は針形で3輪生し長さ10-25mm，先は尖ってかたく，触れるとささり痛いのでネズミを防ぐことができるという。雌雄異株，毬果は球形で肉質の液果，径8-10mmで熟すと黒紫色。

分布：本州（岩手県以南）・四国・九州

2008. 6. 7　上寒田

イチイ（アララギ）

Taxus cuspidata Sieb. et Zucc.
イチイ科

夏緑樹林帯に生える常緑の裸子植物で，高木になる。樹皮は赤褐色で薄く剥がれる。葉は線形で長さ5－20mm，幅1.5－3mm，先端は尖るが痛くない。裏面には淡緑色の気孔帯が2条ある。花は3－4月，雌雄異株。種子はその年の10月頃に成熟し，種子の外側を紅色で液質の仮種皮が包む。仮種皮には径3mmくらいの穴があいており，そこから種子の一部が見える。種子は茶褐色でかたく，多くは三菱楕円形，基部にへこみがある。仮種子は食べられるが，その他の部分はTaxinを含み有毒。県内では英彦山のみ自生。
分布：北海道－九州
2005.10.24　英彦山

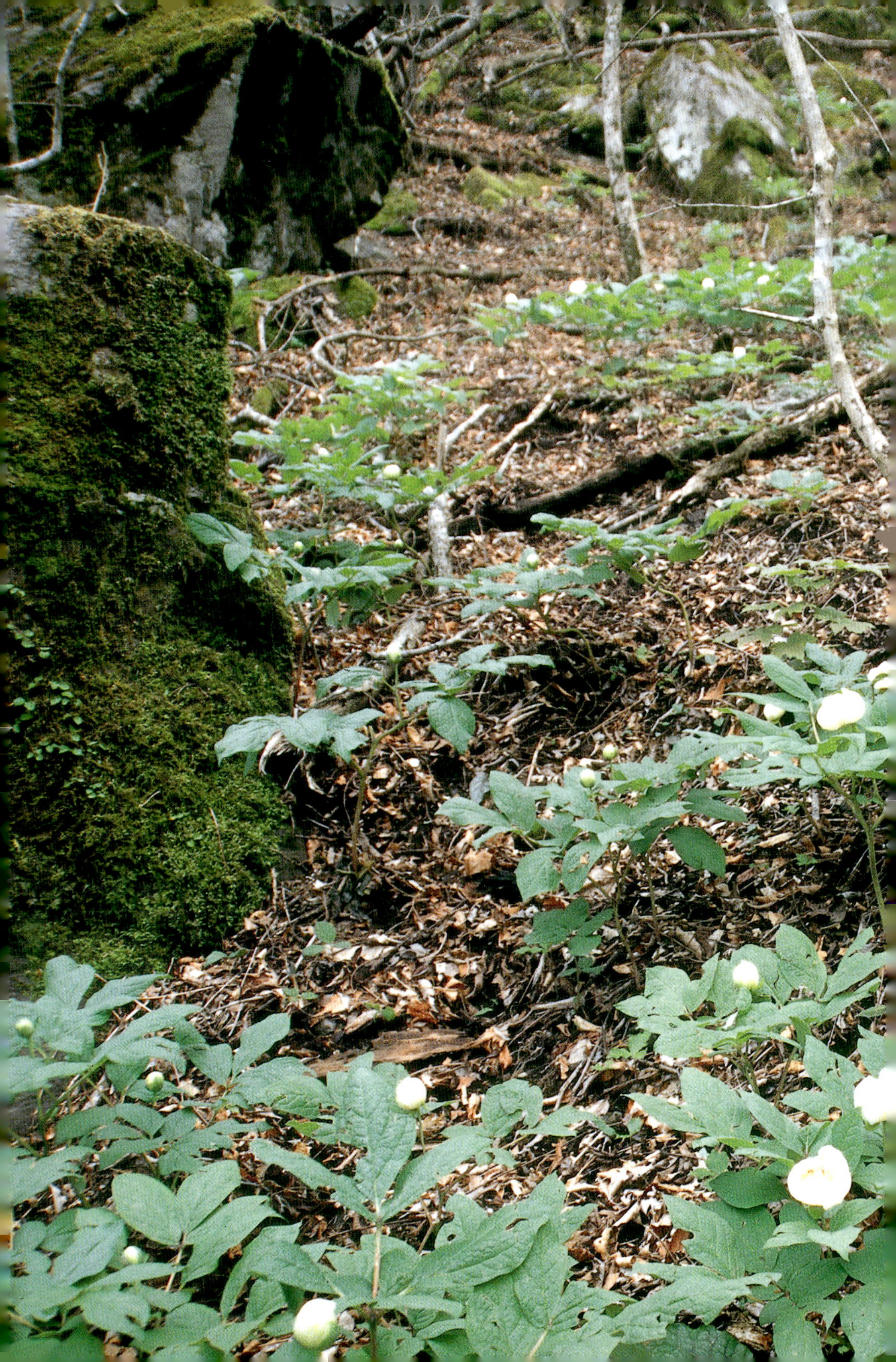

種子植物
被子植物

ヤマシャクヤクの群落

ノグルミ

Platycarya strobilacea Sieb. et Zucc.　クルミ科
日当たりのよい低山地の谷間などに多い落葉高木。葉は奇数羽状複葉で，小葉にはあらく尖った鋸歯がある。花期は5－6月，花序は若枝の先につき，楕円形の雌花序をひも形の雄花序がとり囲むようにつく。雄花序は長さ5－8cm，ときに写真のように雌花序の上にもやや短い花序がつく。雌雄とも花被片はない。果実は次の年まで落ちずに残る。
分布：本州(東海地方以西)・四国・九州
2008.6.7　上寒田

サワグルミ

Pterocarya rhoifolia Sieb. et Zucc.　クルミ科
上部山地の谷間に形成されたシオジ林内に散生する落葉高木で，高さは25mに達する。木はシオジによく似ているが，複葉の数が15－21枚と多いことや，果実が30－40cmの果序となって垂れ下がることなどで区別できる。1991年の台風でシオジの倒木や立枯れが多く出た跡の空き間に多くの幼木が生育している。
分布：北海道－九州
2008.4.30　犬ヶ岳

クマシデ
Carpinus japonica Bl.
カバノキ科

英彦山の参道や登山道などに比較的ふつうの落葉高木で，高さ15mに達する。当山地のクマシデ属には他にイヌシデとアカシデがあるが，イヌシデに次いで数が多い。葉は長楕円形で厚く，側脈は15－24対あり，裏側に突出し縁には針状に尖った重鋸歯がある。花は5月頃，雄花は前年枝に，雌花は新枝につき花序は共に垂れる。果穂は長楕円状円柱形でホップに似た形をしており垂れ下がる。

分布：本州・四国・九州
2005.7.14　犬ヶ岳

ヤシャブシ
Alnus firma Sieb. et Zucc.
カバノキ科

乾燥する岩場や稜線などに生える小高木で，英彦山では望雲台のほか中岳の標高900m付近に群落がある。幹は灰色で樹皮は割れて薄く剥がれ，めくれた形のものが表面についている。4月上旬，葉がわずかにのぞいた頃に開花する。雄花序は枝の先端につき黄緑色で，長さ1.5－4cm，幅約10mm，長いものは湾曲し下垂する。雌花序は雄花序の下の節に直立してつき小さい。果穂は長さ22mm，幅13mmあまりの楕円形で，春になっても落ちずに残る。

分布：本州（福島県以南，紀伊半島までの太平洋側）・四国・九州
2008.4.14　望雲台

ケヤマハンノキ
Alnus hirsuta Turcz.
カバノキ科

おもに谷間に生える落葉高木で，近年増加している。林道の脇などに植えたと見られるものもある。葉は大きいもので長さ10－14cm，幅8－10cm，縁は大きく波打った形をしており，それに不揃いの鋸歯がある。平行な側脈が6－8対あり，裏面は緑白色。葉の表面には長毛が散生し，裏面では主脈，側脈に縮れ毛が密生している。措葉は黒変する。果実（果穂）は枝先に3－8個つき，楕円形で長さ15－25mm，幅10－13mm。黒変して次の年まで樹上に残る。

分布：北海道－九州
2008.8.31　英彦山

種子植物──被子植物

▲ブナの幹。地衣類やコケ類が着生して独特の木肌となる
◀北岳のブナ林

▲殻斗と果実
◀たくましいブナの枝振り
▼ブナの芽生え

▲左＝花／右＝実のついた枝

ブナ

Fagus crenata Blume　　ブナ科

英彦山地の最も重要な樹木で英彦山，犬ヶ岳，岳滅鬼山，鷹ノ巣山，帆柱山，経読岳などの山頂および稜線部でブナ林を形成している。ブナは標高730m付近から現れるが，本格的なブナ林が見られるのは標高1000m以上である。ブナは高木で直径が1mを超すものもある。樹皮は灰白色ないし暗灰色でなめらかである。通常表面に色々な種類の地衣類が着生して大小の斑紋を画く。葉は卵形かひし形卵形で縁に波状の鈍い鋸歯があり，側脈は7－11対，花期は5月上旬，数年に1度開花するが間隔は決まっていない。雄花序は若枝の葉腋につき下垂する。おしべは長さ約6㎜で葯は花被の外に出る。雌花序は新枝の上部葉腋について頭状で長さ5㎜くらいの太い柄がある。総苞（殻斗）は外側に多数の裂片をもつ。殻斗は9月中旬に成熟し長さ2－2.5㎝，裂開して堅果を落とす。堅果は3稜形でふつう1個の殻斗に2個入っている。赤褐色で長さ1.5㎝ほど。英彦山系のブナは太平洋側のタイプで葉は小さいが，日本海側の葉は大きい。

分布：北海道(南部)－九州(鹿児島県高隈山)

ブナ林紅葉　2002.10.25　英彦山
樹皮　1998.6.11　犬ヶ岳
樹形　2004.5.2　経読岳
殻斗と果実　2006.11.3　英彦山
ブナの発芽　2007.5.2　英彦山
花　2002.4.28　英彦山
実のついた枝　2002.8.1　英彦山
ツキヨタケ　2007.10.12　英彦山
ブナの巨木　2007.7.1　英彦山

▲枯木にはよくツキヨタケが生える
▼ブナの巨木

種子植物 ── 被子植物 | 37

イヌブナ

Fagus japonica Maxim.
ブナ科

数少ない落葉高木。幹は高さ25mになるといわれるが，発見したものは根回り88cm，高さ約15mの中高木であった。県内ではブナはおもに標高800m以上に生育するのに対し，本種はそれより低い地にあることが多い。太い幹では表面にいぼ状の皮目がびっしり並んでいる。葉はブナよりも大きく，長さ5－11cm，幅2.5－6.5cmあり，側脈はブナの7－11対より多く9－14対ある。両面ともはじめは長軟毛があるが，のちに表面は無毛となり，縁や裏面の特に主脈近くにだけ残る。殻斗は長さ2.7－5cmの長い柄に垂れ下がる。

分布：本州(岩手県以南)・四国・九州(熊本県まで)
2008.8.31　英彦山

ミズナラ

Quercus crispula Blume　　ブナ科

ブナ帯を代表する落葉高木で，標高700m以上に分布し，ブナと混生し，また純林を形成する。ブナよりも陽生で日当たりのよい稜線部や崖上などにも広く生育している。葉は鋸歯の切れ込みがあらく，基部は長く伸びて耳状になり，葉柄はほとんどない。5月上旬，新しい枝の基部に長さ5－8cmの雄花序を下垂し，雌花序は上部の葉腋につく。堅果(ドングリ)は長さ2－3cmの長楕円形，殻斗は総苞片の密着した高さ約1cmの低いもの。

分布：全国の温帯
2001.5.13　帆柱山

ナガバヤブマオ

Boehmeria sieboldiana Blume　イラクサ科

照葉樹林帯上部から夏緑樹林帯下部にかけての林縁や疎林内に生える多年草で，高さ1－1.5m。葉は長楕円形で先は尾状に伸び，濃緑色で表面に光沢がある。花期は8－10月。雌花の集団は細長い穂状になって垂れる。ニホンジカが全く食べないためにスギ林の中などで増えている。

分布：本州(山形県・宮城県以南)－琉球

2008. 8. 31　英彦山

ヤマトキホコリ

Elatostema laetevirens Makino　イラクサ科

山水の落ちるような環境に育つ多年草でややまれ。茎は20－40cm，葉は互生して2列に並び，左右が不相称で長さ5－10cm，鋸歯はあらく先は尾状に尖らない。花期は遅く8－10月，雌雄同株，時に異株で花は集まって葉腋につき，花序に柄はない。

分布：北海道－九州

2003. 9. 22　東峰村

ヒメウワバミソウ
Elatostema umbellatum Blume var. umbellatum
イラクサ科

山地の湿気の多い木陰にごくふつうに見られる小さな草本で，英彦山の参道にも沢山ある。茎は斜上し数個の葉があり，細長く縁には大きな鋸歯があって，先は尾状に長く伸びる。花期は4－6月，雌雄異株で雄花序には長い柄（写真）があるが，雌花序には柄がない。
分布：本州(関東以西)－九州
2005.6.1　英彦山

ムカゴイラクサ
Laportea bulbifera (Sieb. et Zucc.) Wedd.
イラクサ科

山地に生える多年草で，英彦山では高住神社から北岳への登山道などで見られる。英彦山では小さなものが多く，高さ15－30cm。葉腋に径約5mmの球形のむかごをつける。花期は8－9月で雌花序には柄があり上部の葉腋につき，雄花序は下方の葉腋につく。葉柄に刺毛があり，これに触れると非常な痛みがきてなかなか取れない。シオジ林内に多いイラクサ Urtica thunbergiana と共に要注意植物である。
分布：北海道－九州
2008.9.14　英彦山

タチゲヒカゲミズ

Parietaria micrantha Ledeb. var. coreana (Nakai) Hara　イラクサ科

茎の長さは5−20cm，基部の径は1−2mm，大きな株では基部で2−3回分枝したのち，さらに上方でも小さな枝を出す。茎が柔らかく細いので岩上に這った形になる。茎には長軟毛がある。葉は楕円形からやや先の尖った倒卵形。互生で葉身は長さ10mmくらいから25mmに達するものまで様々であり，全縁で3脈，葉身と同長の柄があり全体に軟毛がある。花期は8−10月，上部葉腋につき花被にも軟毛がある。そう果は黒色で光沢がある。英彦山からは基本種のヒカゲミズが報告されているが未確認。

分布：本州・九州
カテゴリー：絶滅危惧ⅠB類（環境省）
2007.9.3　英彦山

コケミズ

Pilea peploides (Gaudich.) Hook. et Arn.

イラクサ科

深山の岩場のやや湿気のある場所に生える極めてまれな一年草。茎は柔らかくやや肌色で，高さは2−8cm。太い所で径1.5mm。葉身は広卵形で全縁，先は少し尖っている。茎の中間部の葉で長さ7−9mm，幅9−11mm，葉身と同じかそれよりやや長い葉柄がある。葉は茎の下方では比較的まばらに，上方ではこみ合ってつき小形となる。葉には3本の脈があり，表面では横に並ぶ鍾乳体の列が沢山見られるのが特徴である。花序には柄がなく雌花と雄花が混ざった塊として葉腋につく。

分布：本州（関東以西）−琉球
2006.10.15　英彦山

マツグミ

Taxillus Kaempferi (DC) Danser
ヤドリギ科

モミやツガに半寄生する常緑の低木で極めて珍しく，英彦山の玉屋神社付近と添田町の添田神社の境内で確認している。高さは30－50cmで宿主との付着部はふつうまるくふくらみ，その付近から根が出て，また宿主にくい込んでいることが多い。葉は長さ10－35mm，幅3－9mm，先はまるく基部に向かって細くなり短い葉柄となる。花期は8月，花は赤色の筒形で先端部は4つに分れており，長さ約1.5cm。果実は楕円状球形で長さ約5mm。赤熱する。

分布：本州(関東地方・富山県以西)・四国・九州

1996.8.25　英彦山

ヤドリギ

Viscum album L. subsp. coloratum Komarov　ヤドリギ科

標高の低い所ではエノキに最もつきやすく，標高の高い夏緑樹林帯ではおもにブナにつく半寄生の常緑低木で，英彦山の南岳や野峠から一ノ岳にかけての稜線上のブナには沢山ついていて，これによってブナが枯死する例がある。初冬に径約8mmの液果が熟す。液果は透き通った黄色で，内部は強力な粘質であり，野鳥に食べられても粘質はとれず，それでまた木の枝に付着し発芽生育する。

分布：北海道－九州

2001.11.4　帆柱山

ミヤマタニソバ
Persicaria debilis (Meisn.) H. Gross
タデ科

山地の林下に生える一年草で,岩の多いシオジ林などでよく見かける。茎は細く長さ20-30cm,葉は三角形,先は尖って突き出ており,葉の表面には八の字形の濃斑があるのが特徴であり,細長い葉柄がある。花期は8-9月で花は茎の先にまばらにつき白色。

分布：本州－九州
2006.9.14　英彦山

ハルトラノオ
Bistorta tenuicaulis (Bisset et Moore) Nakai　タデ科

4月上旬,山が冬の眠りから覚めやらぬ頃に開花し,春の訪れを告げる植物の1つである。標高700mから1000mまで分布し,高住神社付近の木陰に多い。太くて長い根茎にはふくれた節がある。葉の裏は濃紫色。花茎は高さ数cmで紅紫色,その先に白色の小花を総状につける。雄蕊は萼より約1mm突出し,その先によく目立つ黒色の葯をつける。花期を過ぎると花茎は緑色に,葉も大きく生長して様変わりする。

分布：本州－九州
2007.4.10　英彦山

マダイオウ
Rumex madaio Makino
タデ科

山中の水辺に生える大形のギシギシの仲間で,高さは1mを超える。根は黄色で肥厚している。茎は直立し上部で分枝し,縦の溝が多い。根葉は大きく長い柄があり,茎葉は上部にいくにつれ小形になる。花期は5-6月で花は大きな円錐花序状につく。翼状の萼片は広卵状心形で縁に鋸歯があり,紅紫色になる。本当の大黄という意味であるが,真の大黄ではない。

分布：日本全土
1990.6.10　求菩提山

種子植物 —— 被子植物　43

ヤマゴボウ

Phytolacca esculenta Van Houtte
ヤマゴボウ科
英彦山や求菩提山の坊跡などにあって修験道との係わりの深い植物である。高さ約1m，よく分枝し，葉にはしわがある。花期は5月下旬－6月中旬。総状花序は上向きに多数つく。花は5個の萼片からなり白色で径約8mm，葯は淡紫色。心皮は離生して8個が輪状に並んでおり，それらはのちに紫黒色に熟す。有毒植物であるが，ゴボウ様の根は薬用として利用された。中国原産ともいわれている。
分布：北海道－九州
2007.6.17　英彦山

マルミノヤマゴボウ

Phytolacca japonica Makino　　ヤマゴボウ科
上部山地の木陰にまれな多年草。茎は高さが1mを超えるものがあり，長楕円形の大きな葉をもつ。また，太くて長い根がある。花期は5－6月で，花序は直立し，小さな淡紅色の花が密集してつく。液果は扁球形で7－8月に熟し，種子は長さ約3mmのソラマメ形，黒色で光沢があり，表面に指紋のような線条がある。山にはヨウシュヤマゴボウ P. americana も多い。
分布：本州(関東以西)－九州
2007.7.30　英彦山

ワチガイソウ

Pseudostellaria heterantha (Maxim.) Pax　　ナデシコ科

県内の生育地は英彦山地の数カ所だけである。英彦山では深い林内の岩を被うコケの中に生育していることが多い。高さ5－10cmの小さな多年草で、細く直立した茎には1－2列の縮れた毛がある。葉は対生で6－7対、頂部では2対がほとんど一緒になって輪状になる。花期は5月上旬。2－2.5cmの長い花柄につき白色。雄蕊は10本で黒色の葯が目立つ。
分布：本州（福島県以南）－九州
2005.5.3　英彦山

ミヤマハコベ

Stellaria sessiliflora Yabe
ナデシコ科

夏緑樹林帯の谷間の樹陰に生える小さな多年生の草本で、茎ははじめ斜上しているが、伸びるにつれて下部は地面を這うようになる。花期は4月下旬から5月上旬で各葉腋に1つずつつく。花弁は白色で大きくV字形に分かれていて萼より長く、花弁が沢山あるように見える。早春のまだ山に花の少ない頃、タチツボスミレやヤマルリソウなどと共に目立つ。
分布：北海道－九州
2006.5.5　英彦山

種子植物――被子植物 | 45

ホオノキ

Magnolia obovata Thunb.　　モクレン科
落葉高木で葉は大きく長さ20−40cm，幅10−25cmあり，食物を包んだり盛ったりする。材は良質で家具や版木などに使われる。英彦山地では群生することなく落葉林に散在している。花期は5月，花は大きく枝端に1個上向きに咲き径約15cm，芳香がある。しかし，木の真下からは大きな輪生する葉に遮られて花を見ることが難しい。花被片は白色で，外側に3枚，内側に6−9枚あり，おしべは多数で花糸は赤色，葯は黄白色，中心にある大きなめしべの集合体は紅色。

分布：北海道−九州
2007.5.13　英彦山
花拡大　2008.5.12　英彦山

タムシバ

Magnolia salicifolia (Sieb. et Zucc.) Maxim.　　モクレン科
望雲台のような樹木の生えた岩場や急傾斜地を好む高さ数mの落葉樹で，同属のコブシに似るが，コブシが花の下に1枚の小さな緑の葉をつけるのに対し，本種はつけない。葉は卵状披針形でコブシより細長く，裏面は白色を帯びるので葉を見れば容易に区別できる。花は早春の3月下旬から4月上旬に咲き，3枚の小さな萼と6枚の白色の花弁からなる。面白いことに標高の低い岩石山や陣屋ダム付近などに群落がある。

分布：本州・四国・九州
2003.4.18　英彦山

オオヤマレンゲ

Magnolia sieboldii K. Koch.
subsp. japonica Ueda
モクレン科

英彦山の名花の筆頭。英彦山と同様の霊山である大峰山では「天女の花」と呼ばれている。標高1000m以上の稜線部に生育する落葉低木ないし小高木。幼木では枝分かれが少ないが、成木になると細かく分枝する。花期は6月、花は枝先に1個つき、径5-10cm、白色で平開することなく、やや下向きに咲く。多数の葯は淡い黄土色、芳香がある。3日花で1日目の日中に半開、夕方に開花、2日目に受粉して3日目にはしおれ、花弁は茶色に変わる。

分布：本州(関東地方以西)・四国・
　　　九州
2005.6.13　英彦山
花拡大　2006.6.19　英彦山

ヤマグルマ（トリモチノキ）

Trochodendron aralioides Sieb.
et Zucc.　ヤマグルマ科

亜熱帯から温帯まで広く分布している常緑樹であるが、県内では落葉林内の岩場に生育している。英彦山ではおもに標高1000m以上にあって、多くは亜高木である。冬に緑の葉をつけているのは本種とアカガシくらいのものである。葉は厚く光沢がある。花は6月上旬、茎の先端につき、1つの花序に20個あまりの花が集まっている。花弁はなく雄蕊が周囲を囲んでいる。本種は被子植物でありながら、材には仮導管しかなく裸子植物に近い特徴をもっている。樹皮からトリモチが作れる。

分布：本州(山形県南部以南)・四
　　　国・九州・琉球・伊豆諸島
2002.5.13　野峠

種子植物 ── 被子植物　47

ダンコウバイ

Lindera obtusiloba Blume　クスノキ科
日当たりのよい岩場に生える高さ1-2.5mの数少ない落葉低木。多くの葉は先の方で3裂するが，同属のシロモジのようには深く切れ込まない。また，葉は枝の基部ほど小さく，全体的には大きさにばらつきがある。秋にはきれいな黄色に変わる。花は黄色で，3月下旬頃新葉に先立って開花する。花序は前年枝の葉腋につき，散形状で柄がない。前年の冬からまるいふくらみとして明瞭である。よく似た花にシロモジ，ヤマコウバシ，アブラチャンなどがある。

分布：本州(関東地方・新潟県以西)・四国・九州

2008.4.14　英彦山

ケクロモジ

Lindera sericea (Sieb. et Zucc.) Blume　クスノキ科
高さ3mくらいまでの落葉低木。葉は互生して狭倒卵形。先は尖り基部はくさび形で長さ8-16cm。表面には絨毛が密生し，秋まで残りビロードの触感がある。花期は4月，散形花序が頂芽の基部に輪形につく。花柄は短く長さ2mm。花被片は黄緑色で長さ約3mm。果実は球形で径6-8mm，秋に黒熟する。

分布：本州(中国地方の一部)・四国・九州

2008.4.14　英彦山

ウスゲクロモジ

Lindera sericea (Sieb. et Zucc.) Blume
var. glabrata Blume　　クスノキ科

英彦山地には母種のケクロモジと共に広く分布しているが、どちらかというと本種の方が標高の高い所に偏っているようである。ケクロモジとは葉の表面に短い絨毛がないことで区別される。裏面やヘリにははじめ絹毛が密生しているが、次第に少なくなっていく。花期は4－5月、花は集って多数つき黄緑色で花柄には黄褐色の絨毛を密生する。

分布：本州(関東以西)・四国・九州
2003.4.28　犬ヶ岳

アブラチャン

Lindera praecox (Sieb. et Zucc.) Blume　　クスノキ科

高さ3mくらいまでの落葉低木で、標高800－950mの谷間に多く見られ、時に群落を形成する。幹は叢生して立ち上り、葉は楕円形。花は芽立ちに先立って3－4月に開く。花は4－5個集って球形の花序をなし、はじめは緑黄色(もえぎ色)、のちに淡黄色に変わる。多くが雄花で雌花の方が小さい。果実は径約15mmの球形。落葉期、同属のシロモジと混生している所では区別しにくい。

分布：本州－九州
2002.3.13　英彦山

シロモジ

Lindera triloba (Sieb. et Zucc.) Blume
クスノキ科

山地にふつうの高さ3mあまりの落葉低木。葉は長さ7－12cm、幅7－10cm、比較的大きく、基部はくさび形、3中裂して斜上し先端の尖った独得な形になっている。花期は4月、ふつう葉に先だって開花する。花は小さく黄色で多数が集まってつくが、個々の花序は3－5個の花からなる。果実は径10－12mmの球形で大きい。葉は秋に黄葉する。

分布：本州(中部地方以西)・四国・九州
2006.5.5　英彦山

種子植物 ─ 被子植物

レイジンソウ

Aconitum loczyanum Rapaics
キンポウゲ科

夏緑樹林帯の林下に生える多年草。トリカブトほどではないが，猛毒のアルカロイドを含んでいるといわれる。茎は細くてかたく，直立して50-80cm。上部に曲がった沢山の毛がある。根出葉はウマノアシガタに似た形で長い柄があり，葉身は幅15cmあまりで5-7中裂している。花期は8月，花序は茎の先および葉腋にでき，各々3-6花をつける。花は長さ25-28mm，外から見える部分は萼片で花弁は中にある。頂萼片はかぶと形，2枚の側萼片は円形，下萼片は長楕円形。淡紫紅色。英彦山地ではサンインヤマトリカブトより稀少。

分布：本州(関東地方以西)-九州

1998.10.9　犬ヶ岳

サンインヤマトリカブト

Aconitum napiforme Lév. et Van't. var. saninese (Nakai) Tamura et Namba　キンポウゲ科

これまでタンナトリカブトとされてきた植物である。英彦山地の帆柱山，犬ヶ岳，経読岳などにあるトリカブトはすべて本種であった。深山の林下に生え，茎は斜上して高さ30-50cm，葉は葉柄のある3小葉に分かれ，それぞれはさらに深裂している。花期は10月，花の外部は萼片でかぶと状の頂萼片，2個の円形の側萼片，2個の楕円形の下萼片からなり，いずれも青紫色。雄蕊は多数。雌蕊は3個あるが，それに多少曲がった毛が多数ついている（タンナトリカブトは無毛）。猛毒のアルカロイドを含む。

分布：本州(中国地方)・九州北部

2005.10.19　犬ヶ岳

ミスミソウ

Hepatica nobilis Schreber var. japonica Nakai　キンポウゲ科

渓流沿いの樹下のコケに被われた岩の上に生える多年草。葉は3個の小葉からなり、全体は三角形でその大きさは底辺4－5cm、高さ3－3.5cmで光沢がある。花期は3月中旬、1株に2－3花をつける。花の径は12－18mmで花弁と思われる部分は萼片であり、花の下には緑色の3枚の茎葉がある。花は英彦山を含む太平洋側では白色であるが、日本海側では青色系、紫色系、赤色系などを交えて多彩。

分布：本州（中部地方以西）・四国・九州（福岡県）

カテゴリー：準絶滅危惧（環境省）

2007.3.9　英彦山

イチリンソウ

Anemone nikoensis Maxim.
キンポウゲ科

照葉樹林帯上部から夏緑樹林帯下部にかけての樹陰に生育する植物で、小川沿いにあることが多い。花をつけた茎では地上8－10cmの所に3枚の茎葉があり、さらに上方に径約1mmの細くてかたい花茎が5－6.5cm伸びて花がつく。花は5個の白色の萼片からなり、大きくて径4.5－5cm。しかし、萼片の裏側には薄く紅をさしている。花期は4月中旬。スプリングエフェメラルの代表で初夏には地上部は枯れてしまう。

分布：本州－九州

2001.5.4　英彦山

エンコウソウ

Caltha palustris L. var. enkoso Hara
キンポウゲ科

浅い水中や湿地に生える極めてまれな植物で、県内2地域に自生している。古くは英彦山の坊跡の池にあったという報告があり、筆者はリュウキンカ var. nipponica Hara も見ているが、木が繁って陰になり消滅した。根出葉は多くが矢じり形で不規則な鋸歯があり、大きいもので幅3cm、長さ1.5cm、長い柄がある。花期は5月、花柄は長く時に10cm以上伸び、萼片5個で濃黄色、径1.8cm程度。
分布：北海道－九州
2000.4.29　東峰村

サラシナショウマ

Cimicifuga simplex Wormsk.
キンポウゲ科

明るい林中、林縁に生える多年草で高さは40－150cm。根出葉や下部の葉は大きく、3回3出複葉。花穂はふつう長さ20cm内外であるが、大株では主花穂の下方から短い枝を出して花穂を形成する。基部にある2－3個の花は1－4cm離れてつくが、あとは密について、ちょうど試験管洗いのはけのような形になる。花弁は開花するとすぐに落ち、そのあとで長短様々な雄蕊が伸びる。和名は若葉をゆでて水でさらして食べるところからきている。
分布：北海道－九州
2007.10.12　英彦山

『英彦山・犬ヶ岳山地の自然と植物』正誤表

頁	誤	正
52	エンコウソウ Caltha palustris L. var. enkoso Hara	コバノリュウキンカ（ヒメリュウキンカ） C. var. pygmaea Makino
173	[ヒヨドリバナ（2倍体）の学名] Eupatorium chinense L.	Eupatorium makinoi Kawahara et Yahara
182	[タチシオデの学名中] Mig.	Miq.
183	[ヤマホトトギスの学名中] Mig.	Miq.
184	[ヒメナベワリの学名中] Mig.	Miq.
249	[下から5行目] ツクシサワギキョウ	ツクシタニギキョウ
285	[24行目] 井上信義	猪上信義
287	[7行目] 小賀佳好	古賀佳好
287	[10行目] 宮下良治	宮本良治

オオバショウマ

Cimicifuga acerina (Sieb. et Zucc.) C. Tanaka　キンポウゲ科

夏緑樹林帯の林下に生える比較的まれな大形の植物。葉は1回3出葉で小葉は長さ7－20cm，5－9中裂，裂片は鋭尖頭で不揃いな鋸歯がある。花期は8－9月で，高さ40－130cmの花茎を伸ばし，単一または下部で分枝する穂状花序をつける。茎葉は痕跡的で目立たない。花は白色で柄がない。萼片と花弁は広楕円形で長さ約5mm，雄蕊はそれより長く約7mmあるので，開花時に目立つ。

分布：本州－九州
2006.8.18　帆柱山

ケハンショウヅル

Clematis japonica Thunb. var. villosula (Ohwi) Tamura　キンポウゲ科

ブナ帯の林床や林縁に生えるつる性の木本植物。岩上を這ったり低木にからんでのぼったりする。前年枝の葉腋にできた腋芽から枝と葉を伸ばす。葉は1回3出複葉でクレマチスほどではないが，葉柄で他物に巻きつく。花期は6月。花は鐘形で下向きに咲き，長さ約2cm，萼片は長楕円から広披針形で紫褐色。萼片の表面には短い毛が密に生える。

分布：中国地方・九州
2005.6.13　英彦山

タカネハンショウヅル

Clematis lasiandra Maxim.
キンポウゲ科

山地の日当たりのよい林縁部に比較的まれなつる性植物で，樹木にからまって伸びる。葉は2回3出葉で長い柄がある。花期は9－10月，花はその年に伸びた枝の葉腋につき，鐘形で下向きに咲き，萼片は4個，長楕円形で長さ1.5－1.8mm，先は反り返り，鮮やかな紅紫色で美しい。おしべには長い毛が密生している。

分布：本州(近畿地方以西)－九州
2002.10.9　豊前市

種子植物 ── 被子植物 | 53

セリバオウレン

Coptis japonica (Thunb.) Makino var. dissecta (Yatabe) Nakai
キンポウゲ科
スギ木立の中などに生える多年草。根出葉は長さ15-20cm，2回3出複葉。英彦山では春最も早く2月中旬から3月上旬に咲く。花茎は汚緑紫色，高さ10-15cmで開花し1茎3花。花は径10-15mm，外側に長い萼，内側に短い花弁があり，多数の花糸もすべて白色。花茎はのちに伸びて20-30cmになり，果実は輪形に並んでつく。本種は本州と四国に分布するとされており，英彦山にもともと自生していたかどうかは不明。薬草。

分布：本州・四国・九州
2004.3.17　英彦山

カザグルマ

Clematis patens Morr. et Decne.　キンポウゲ科
この写真は極めて貴重なもので，1968（昭和43）年に英彦山の山中で撮ったものである。今はスギ木立となっており絶滅した。現在ではクレマチスの多くの品種が市販されているが，本種はその母種に当たるものである。花の径は約10cm，萼片はふつう8枚で白色。福岡県の記録はなく，九州では熊本県・大分県・宮崎県に生育している。

分布：本州－九州
1968.5.27　英彦山

サバノオ

Dichocarpum dicarpon (Miq.) W. T. Wang et Hsiao
キンポウゲ科

薄暗い樹陰に生える小さな柔かい多年草。茎は高さ10-20cm。根出葉の基部は大きく広がって鞘となり台座の形になる。茎葉は3小葉からなり小さな托葉をもつ。早春の葉は焦茶色のものが多く，周囲の落葉と重なって見え難いが後に緑色になる。花期は3-5月，花弁状の萼は5枚，緑白色でしばしば紫色の条があり，全開し難く垂れ下がって咲くことが多い。
分布：九州の温帯の林中
2006.4.24　英彦山

ヤマキツネノボタン

Ranunculus silerifolius Lev.　キンポウゲ科

冷温帯気候の場所に生える比較的小さな多年草。北参道のシオジ林，表参道の行者堂前の湿気の多い所などにまとまって見られる。茎は高さ15-30cm，多くが斜上し，時に地面を這う。茎は基部で帯紫色，2-3回分枝する。葉は1回3出複葉，茎，葉柄とも斜上する毛が多い。花期は5-7月，花は径約1.5cm，花弁は濃黄色で表面にはエナメル光沢がある。キツネノボタンの1つの生活型と見られ，学名にはキツネノボタンをあげた。
分布：北海道－琉球
2003.6.10　求菩提山

種子植物――被子植物 | 55

ミヤマカラマツ

Thalictrum filamentosum Maxim. var. tenerum (H. Boiss) Ohwi　キンポウゲ科

深山の多湿の岩場に数株あるだけの極めて稀少な植物である。全国的には山地帯から亜高山帯に分布するが，九州山地では祖母山，傾山，由布岳などに生育するだけである。茎は高さ50－80cm，崖から垂れるように生える。根出葉は2－3回3出複葉で裏は灰白色。茎葉は根出葉に比べて極端に小さい。花期は7月下旬，花は散房花序につき白色，花糸の上半部は倒卵状に広がり葯より広い。

分布：北海道－九州
2004.7.18　英彦山

メギ

Berberis thunbergii DC.
メギ科

上部落葉林内の岩上に生える高さ1mあまりの落葉低木で比較的まれ。細い幹が叢生し先は少し垂れることが多い。枝には縦溝と稜，そして葉の変形した刺が多数ある。5月頃，短枝の先に数個の花からなる花序を下垂する。花は緑黄色で径約6mm，果実は赤熟する。和名は目木で，かつて洗眼薬に使われたからという。

分布：本州（関東以西）・四国・九州
2008.5.8　英彦山

ルイヨウボタン

Caulophyllum robustum Maxim.　メギ科

英彦山では標高800－900mの自然林やスギ林の樹下に，犬ヶ岳ではそれ以上の高さに生育しており，時に小群落をなしている。高さ60cmあまりの中形の草本で，葉がボタンやシャクヤクに似ているところから類葉牡丹の名がある。しかし，花は緑黄色の小さなもので，5月中旬に茎頂に10個あまりまばらにつくだけである。種子は径8mmほどの大きなもので9月に黒くなる。10月になると一般の草本より一足早く地上部は枯れる。

分布：北海道－九州の温帯気候の場所
2003.5.2　英彦山

ヒトリシズカ

Chloranthus japonicus Sieb.
センリョウ科
標高800mくらいまでの比較的低い所に見られる。早春まだ木々の葉が展開する前の明るい林下で芽生える。茎は高さ10-20cm、はじめ茎は赤紫色で全体は筆のような形をしている。下部の節には鱗片葉のみ、上部の筆先に当たる所に4枚の葉が畳んだ形にある。葉は2つの節から出ており、中に花を包み込んでいる。葉が開くと共に花がのぞいてくる。花には花弁も萼もなく、白い糸はおしべで3本に分れており、両側の2本の基部には葯がある。子房は長さ約1mm。
分布：北海道－九州
2006.5.5　英彦山

フタリシズカ

Chloranthus serratus (Thunb.) Roem. & Schult
センリョウ科
英彦山では各参道沿いのスギ林の中に沢山ある。茎は開花時に高さ20-30cm、のちに60cmにもなる。茎の先に接近した2対の葉がある。花期は6月、花序は頂生するが2本とは限らず、1本のこともあれば3本のこともある。花には花弁はなく3個の白色の雄蕊がまるまって子房を抱いた形になっている。大きな茎では夏に茎の中間部の節に閉鎖花を伴った花序がつくられる。
分布：北海道－九州
2002.5.24　英彦山

ミヤコアオイ

Heterotropa aspera (F. Maek.) F. Maek. 　ウマノスズクサ科

分布の極めて限られた植物。花期は4月中旬，花の径は約2cm，萼筒は逆向きに土にもぐり込むような形になっており，基部は白色で漏斗形，上部は淡い汚紫色で径9－10mm，長さ6－7mmの台形。表面に約15本の浅い縦溝と2－3本の横溝からなる網目模様があり，内面にも隆起線による格子がある。萼筒の先は著しくくびれ，萼裂片は広三角形で萼筒に対して大きめであり，内面は濃赤紫色。

分布：本州（近畿以西－島根県）・四国西部・九州（福岡県・大分県）

2000.4.20　東峰村

タイリンアオイ

Heterotropa asaroides Morr. et Decne.

ウマノスズクサ科

カンアオイの仲間は種類によって生育範囲が限られており，本種は本州西部と北部九州に限定されている。福岡県ではごくふつうの植物で丘陵地から山地まで広く分布している。英彦山では標高950m付近まで自然林やスギ・ヒノキの人工林内に生育している。葉には白い斑に似た模様をもつものが多く，花期は6月上旬，花は大きく径3－4cm，暗紫色で半ば土に埋もれた形で開花する。

分布：本州（島根県南部・山口県）・九州（福岡県・佐賀県・熊本県）

1998.5.13　英彦山

ウンゼンカンアオイ

Heterotropa unzen (F. Maek.) F. Maek.　ウマノスズクサ科

山地の林下に生える多年草で、生育範囲が限られている。開花は4月、萼筒や萼裂片など花の形態はタイリンアオイに似ているが、小形である。萼筒の開口部は広く径約8mm、萼筒は上部に広がった井戸茶碗形で径約1.5cm、縦の筋がある。萼筒の内面はタイリンアオイ同様に濃紫色の細かい格子になっている。三角状に開出した萼列片は大きく波打って3個の突起をつくり部分的に反り返る。

分布：福岡県・長崎県・熊本県
2007.5.8　東峰村

サンヨウアオイ

Heterotropa hexaloba (F. Maek.) F. Maek.
ウマノスズクサ科

葉の表面に光沢はなく雲紋が多い。花期は4月下旬、萼筒は漏斗形で地面に倒れ伏しており、下半分はほぼ白色で基部には紫褐色の小斑がある。上部は汚紫色で6個の膨出部があり、その先は著しくくびれている。萼裂片は長さ約1.2cm、内側は汚褐色で縁はやや波状にうねり先は尖っている。完全雄蕊6個、仮雄蕊6個、花柱は6個で円柱状。

分布：本州(中国地方西部)・四国南西部・九州北部
2007.5.17　東峰村

フタバアオイ
Asarum caulescens Maxim.
ウマノスズクサ科
谷間のやや湿り気の多い所を好む。葉は茎の先端部に2個対生（偽対生）につき卵心形で先は尖る。花期は5月。2枚の葉の間に1花をつける。花は細い18-28mmの花柄に下向きにつき碗形で径11-12mm。花は萼片の変形したもので3枚の萼片からなるが、下部で3枚が合着するので碗形となる。上半部の三角形の裂片は完全に反り返って碗部の外側に密着している。徳川家の紋は本種の葉3枚を組み合わせ図案化したものである。
分布：本州－九州
2003.4.28　犬ヶ岳

クロフネサイシン
Asiasarum dimidiatum (F. Maek.) F. Maek.
ウマノスズクサ科
漢方で有名なウスバサイシン（A. sieboldii）に近縁の植物。林下のやや湿った所に生える多年草。根は地に這い、切ると薬物臭がある。葉はハート形で模様はない。花期は5月、花は短い柄の先につき淡汚紫色で3個の萼裂片が平開する。雄蕊6個、花柱3個でウスバサイシンの雄蕊12個、花柱6個の半数となっており、ウスバサイシンの西南型と見られている。英彦山では一時増えていたが、最近また人為採取により激減した。
分布：本州(奈良県)・四国（徳島県・香川県・高知県）・九州(福岡県・熊本県・大分県・宮崎県)
カテゴリー：絶滅危惧Ⅱ類（環境省）
2001.5.4　英彦山

種子植物 ── 被子植物

サルナシ
Actinidia arguta (Sieb. et Zucc.) Planch. ex Miq.
マタタビ科
山地の岩場や林縁など日当たりよく，比較的乾燥した所に生える落葉性の藤本で樹木や岩などにからんで伸びる。葉は厚くてかたく広楕円形で先が尖っている。花期は6－7月で花は径1－1.5cm，花弁は5個で白色，写真のように葯が暗紫色であるのが特徴。果実は広楕円形，長さ2－2.5cmで緑黄色に熟し食べられる。しかし，つるはあっても果実にはめったに出合わない。
分布：北海道－九州
花　　2002.6.18　英彦山
果実　2001.7.27　英彦山

マタタビ
Actinidia polygama (Sieb. et Zucc.) Planch. ex Maxim.　マタタビ科
ネコが好むことでよく知られている。山地の林縁部や渓流沿いなどに比較的ふつうに見られ，枝の上部につく葉が白くなるために遠くからでもそれとわかる。樹木にからんで伸びる落葉性の藤本で，葉は薄く楕円形から長楕円形。花期は6－7月，花は白色で径1.5－2cm。葯は黄色。果実は長楕円形で先は細く尖っている。しかしマタタビバエが産卵してこぶ状になることが多い。
分布：北海道－九州
花　　1990.6.23　英彦山
果実　2004.7.23　英彦山

ナツツバキ（シャラノキ）

Stuartia pseudo-camellia Maxim.　ツバキ科

おもに稜線部に生育する落葉高木。本山系では経読岳に多く，英彦山や岳滅鬼山に散在している。樹皮は灰色ですべすべしているが，所々ではがれ落ちた跡が特有の模様となって残る。花期は7月，花は径5－6cm，花弁は5個で先端部には小さなぎざぎざ，側面にはしわがあり，中央には縦に透明な脈が多数ある。5個の花弁は基部で合着しており，裏面には絹毛を密生している。萼は緑色で絹毛をもつが，花の終わりには花を内側に強く押して落花させる。

分布：本州（福島県・新潟県以西）・
　　　四国・九州

2007.8.1　犬ヶ岳

ヒコサンヒメシャラ

Stuartia serrata Maxim.
ツバキ科

英彦山を基準標本産地とし，高等植物の中ではヒコサンの名をもつ唯一の植物。やや湿気のある谷間の涼しい場所を好むようで，ブナ林よりもシオジ林内の方に多い。多くは高さ数mの小高木であるが，中には幹の周囲が1mを超えるものがある。幹は朱褐色でなめらかであるためよく目立つ。花期は6月，花は白色で径4－5cm，多くは横向きかやや下向きに咲く。蕾の時に一番外側にあった花弁だけは赤色を帯びている。襲速紀要素の植物。

分布：本州（神奈川県以西）・四国・
　　　九州

2007.6.6　英彦山

種子植物 ── 被子植物

ヤマシャクヤク

Paeonia japonica (Makino) Miyabe et Takeda
ボタン科

標高800－1000mの落葉林の林床に生える。所によってはやや群生しているが、おそらくこの植物は花の美しさゆえに採られることが多いと思われ、開花株に出合うことはめったにない。茎は高さ30－40cmで上部に3－4枚の大きな葉をつける。下部には数個の鱗片葉がある。花期は5月で、茎の先に径4－6cmの白花を1個つけ上向きに咲く。英彦山では古くから山伏により薬草として利用されてきたものと思われる。

分布：本州(関東・中部地方以西)・四国・九州の温帯
カテゴリー：絶滅危惧Ⅱ類(環境省)
2003.5.2　英彦山

ジロボウエンゴサク

Corydalis decumbens (Thunb.) Pers.　ケシ科

標高800m付近までの山地林縁部に生える、小さく繊細な多年草。地下に塊茎があり、根出葉は2－3個3出複葉、小葉は2－3深裂して裂片は長さ約1cm。茎葉は1球から複数出て、地上部の高さは10cmあまり、柄のある葉がふつう2個つく。花期は4－5月で、少数の花をつけ、花は紅紫色－青紫色で長さは12－22mm。

分布：本州(関東以西)－九州
2006.5.5　英彦山

ヒメエンゴサク

Colydalis lineariloba sieb. et Zucc. var. capillaris Ohwi　ケシ科

シオジ林に生育する非常に繊細な植物。4月中旬頃、地下の塊茎から1茎を生じ、落葉からわずかに顔をのぞかせた形で花をつける。葉は3-4回3出複葉で小葉は長さ3-9mmでほとんど円形。花は青紫色で、植物体に比して大きく、長さは1.7-3cm。基本種のヤマエンゴサクに似ているが、本種はさらに繊細で花数も少ない。樹木が葉を展開する前の林内が明るいうちに開花・結実して1年を早々に終える植物である。
分布：本州・四国・九州
2003.4.17　英彦山

ナガミノツルケマン

Corydalis ochotensis Turcz. var. raddeana (Regel) Nakai
ケシ科

山間の渓流沿いやスギ林の縁など、ごく限られた環境に生育している。本山地では放置された休耕田に大きな群落が形成されたことがある。本州に分布しているツルケマンの変種で、全草柔らかく、茎に稜があり、分枝して長さは1m以上になり、他の植物に寄りかかって斜上する。葉は互生し2-3回3出複葉、花期は9-10月、黄色で長さ15-20mm、距は少し湾曲している。果実は線状披針形で種子はほぼ1列に並んでいる。
分布：北海道・本州・九州
カテゴリー：準絶滅危惧（環境省）
2004.10.9　添田町長谷

ヤマブキソウ

Chelidonium japonicum Thunb.
ケシ科
斜面の崩壊により根出葉のほとんどが埋もれており，茎は1本だけ上がっていた。茎の径は約3㎜，高さ約10cm。上部に3個の葉がつき，最下の葉は5小葉，その他は3小葉であった。小葉はふつう卵形とされているが，ここでは広披針形で長さ3－4cm，重鋸歯があり先は細く尖っている。花は上部葉腋に1－2個つき順次開花する。花弁は4個で花の径は4.5cm。県内では極めてまれ。
分布：本州－九州
2010.5.5　帆柱山

タケニグサ

Macleaya cordata (Willd.) R. Br.　ケシ科
福岡県ではあまり見ることのなかった植物であるが，2004年に英彦山のスギの伐採跡地に突如出現した。高さ2ｍに達する大形の多年草で，茎からは黄色の汁が出る。羽状に切れ込んだ葉の裏側は白色。花期は7－8月。大形の円錐花序をつける。
分布：本州－九州
2004.7.16　英彦山

フウロケマン

Corydalis pallida (Thunb.) Pers.　ケシ科
林縁や山麓部の水田の石垣などに生える高さ10－20cmの越年草。茎は柔らかく傾きやすい。花期は3月中旬から5月上旬までと長く，茎の先に2－8花をつける。
分布：本州中部以西－九州
2008.4.14　英彦山

ミツバコンロンソウ

Cardamine anemonoides O. E. Schulz
アブラナ科
比較的開けた夏緑樹林下に生える高さ10－15cmの小さな多年草で，やや湿気の多い場所を好む。茎の下部の葉は退化して痕跡程度，中ほどの葉は3－5枚あり，3出葉で長い柄がある。花の時期の葉は時に褐色を帯びる。花期は4月，花は白色で体の大きさにしては大きめである。

分布：本州(関東以西)－九州
1994.4.29　英彦山

コンロンソウ

Cardamine leucantha (Tausch) O. E. Schulz　　アブラナ科
日当たりのよい山道や谷川沿いなどにしばしば群落をつくる。多年草で根元から根茎を長く伸ばして増える。茎は高さ40－70cm，上部で枝を分ける。葉は互生し，5－7個の小葉に分かれている。花期は長く4月中旬から5月中旬まで約1カ月続く。花は枝先に総状花序としてつき白色，下部から順次咲き上る。

分布：北海道－九州
2005.5.11　英彦山

マルバコンロンソウ

Cardamine tanakae Franch. et Savat.
アブラナ科
山地の多湿の木陰に生える小さな越年草。茎は高さ5－15cmであまり目立たない。葉は羽状複葉で1－7個の小葉からなりやや厚く，小葉の鋸歯はまるい。茎や葉には白い毛がある。花期は4－5月で，花は茎の先に短い総状花序につき白色。果実は広線形で長さ約1.8cm，上向きの毛がある。

分布：本州－九州
2007.5.2　英彦山

ワサビ
Wasabia japonica (Miq.) Matsum.
アブラナ科
清流沿いの地に生える多年草。太い節の沢山ある根茎から数個の根出葉を束生する。根出葉は長い柄をもち，葉は円形で表面に光沢がある。花茎は直立して高さ20－40cm，上部に花序をつける。花期は4－5月，花は白色。花期の終わり頃に細くて弓なりに長く伸びる花茎を多数伸ばし，それにも花をつける。野生の根茎は栽培されたものより細く短い。
分布：北海道－九州
2006.4.7　英彦山

ユリワサビ
Wasabia tenuis (Miq.) Matsum.
アブラナ科
清流沿いの岩上，湿気のある林縁部などに生える多年草。茎は細く，ほとんど地表を這う。根出葉は卵円形－腎心形で波状鋸歯縁，ワサビと比較にならないくらい小さい。茎葉は根出葉よりさらに小さい。花期は3－4月，茎の先に花序をつけ，花は白色。
分布：北海道－九州
2003.4.17　英彦山

マンサク
Hamamelis japonica Sieb. et Zucc.　マンサク科
英彦山の稜線部および一部の岩場に生える高さ3－4mの低木。周囲の木々がまだ冬の眠りから覚めやらぬ3月上旬から中旬に開花し，山上に春をもたらす植物である。若枝や葉柄には星状毛が密生する。葉はほぼ円形で長さ5－10cm，6－7本のやや平行な側脈と波状の鋸歯がある。花序軸の先に平均3個の花がつく。花は黄色のリボン状で長さ10－13mm，幅1.5mm。蕾の時には花弁が折りたたまれていて，開花に伴って伸びる。萼片は卵形で4個あり，その間から花弁が十字形に展開する。
分布：本州（関東地方西部以西）・四国・九州
1998.3.15　英彦山

ツメレンゲ

Orostachys japonicus (Maxim.) Berger
ベンケイソウ科

日当たりのよい岩上に生える多年草。8月までは花茎がなく葉を沢山集めてロゼットをつくる。葉は細長く多肉質で断面は楕円形，先端部は針状に尖っている。花期は10月下旬から11月上旬，花茎は大きなロゼットの中から立ち上がり5－25cm，それに円錐状に花序ができる。花序には葉状の苞，小花柄の基部にも苞がある。萼片は淡緑色，花弁は白色，花冠から花糸が長く10本突き出す。裂開前の葯はあずき色で白い花弁の中で美しい。
分布：本州（関東以西）－九州
カテゴリー：準絶滅危惧（環境省）
1998.10.29　英彦山

キリンソウ

Sedum aizoon L. var. floribundum Nakai
ベンケイソウ科

山地の岩上などに生える多年草で，県内では香春岳と求菩提山に生育の記録がある。写真は英彦山のもので石垣に生育しており，どこからか移植された可能性がある。茎の高さは20－40cm，多数束生する。葉は上半分に鈍鋸歯がある。花期は5－6月，茎頂に多数の花を平らに集めた花序をつける。花弁は濃黄色で離生し，披針形で長さ6－7mm。冬，地上部は枯れる。
分布：北海道－九州
2005.6.1　英彦山

種子植物――被子植物

ウンゼンマンネングサ

Sedum polytrichoides Hemsl.
ベンケイソウ科

日当たりのよい岩上，石垣，石塔，古い屋根などに生える高さ5－10cmの多年草。葉は扁平な線形で長さ1cmあまり，先端は鋭く尖っている。茎および基部に近い葉は赤味を帯びており，また茎の基部に枯れた葉がついているなどの特徴がある。花期は6月，花は黄色で，花弁は狭披針形で5個あり平開する。萼片は基部で合生している。裂開前の葯は濃黄色から橙色。大陸系の遺存植物。

分布：本州(兵庫県・岡山県)・九州(佐賀県・長崎県・大分県)
カテゴリー：絶滅危惧Ⅱ類(環境省)
2003.6.29　英彦山

ヒメレンゲ

Sedum subtile Miq.
ベンケイソウ科

渓流の苔むした岩上などによく見られるが，乾燥にも比較的強い。花期は4－6月，花茎は直立し高さ5－10cm，密生して塊をつくる。茎葉は下部の葉はさじ形，中・上部は広線形－狭倒披針形。花序は頂生して集散状。花は5数性で花弁は黄色で平開する。裂開直前の葯は赤色。花後に花茎の基部から走出枝を出す。

分布：本州(関東以西)－九州
2008.5.8　英彦山

タカネマンネングサ
Sedum tricarpum Makino
ベンケイソウ科

英彦山では北岳や南岳の山頂部のブナに着生し、時に岩上にも生える。特に立枯れしたブナの幹に多数生育している。葉は扁平なさじ形でロゼット葉は長さ2－2.5cm、裏側には中肋に沿って茶褐色の筋がある。花茎は濃い紫褐色で高さは10cmあまり、上部で分枝して多数の花をつける。往々にして群生し、花期には黄色のまるい塊になる。花期は7月中旬。若い葯は橙赤色。
分布：本州（近畿以西）－九州
2007.7.17　英彦山

アオベンケイ
Hylotelephium viride (Makino) H. Ohba
ベンケイソウ科

おもに稜線部のブナやコハウチワカエデ、時にはミズナラの樹上に着生している。茎の長さは20cmあまりで斜上。それに長さ3－4cm、幅2－2.5cmの葉が対生している。葉は厚く多肉質で、縁は緩やかな波形をしている。葉は日陰では緑色であるが日のよく当たる所では赤味を帯びる。花期は9月、散房状の花序で全体はまるい形になる。花弁は5個で淡黄緑色であるが陰ではほとんど白色。ブナが減ったことで本種をはじめ着生植物が激減している。
分布：本州（中部地方以西）－九州
2006.10.3　英彦山

アカショウマ

Astilbe thunbergii (Sieb. et Zucc.) Miq. var. thunbergii
ユキノシタ科

人工林や自然林の明るい林床や林縁に生育する多年草。比較的大きく高さは60－100cm，茎の基部に赤味があり，花期には斜上している。葉は3回3出複葉で小葉の先は細く尖っていて，縁には不揃いの重鋸歯がある。花期は6月，大きな複総状の円錐花序をつけ白色。花をつける側枝は下方から上方へ次第に短くなり，また最下の側枝はさらに分枝する特徴をもつ。

分布：本州(東北地方南部－
　　　近畿)・四国・九州
2006.7.12　英彦山

クサアジサイ

Cardiandra alternifolia Sieb. et Zucc.
ユキノシタ科

やや湿った林床や岩の壁面などに生える。木質の地下茎から一年生の地上茎を出す。高さ30－60cm，葉は広披針形で先は長く尖り，縁には大きな鋸歯がある。歯の両面と茎にはあらい毛が散生する。花期は8－9月，散房花序で淡紅色の小さな花が多数集合する。中央部は両性花で，周辺部に装飾花が少数ある。両性花は径6mmあまり，約20個のおしべがある。装飾花は3個の萼片からなり，はじめは白色でのちに淡紅色になる。

分布：本州(宮城県・福島県以南)－九州
2002.8.1　英彦山

シロバナネコノメソウ
Chrysosplenium album Maxim.
ユキノシタ科
谷間の陰湿地に生える。葉は扇形で上縁に5-9個の半円状の鋸歯がある。花期は4月。花茎は高さ4-5cm，暗紫色で白くて長い軟毛を密につける。萼裂片は長卵形で先は尖り白色で，花弁のように見える。雄蕊は8個で裂開直前の葯は暗紅色でよく目立つ。花が終わってから走出枝が伸長し白色の軟毛を密につける。
分布：本州(近畿・中国地方)・四国・九州
2006.4.24　英彦山

イワネコノメソウ
Chrysosplenium echinus Maxim.
ユキノシタ科
標高800m以上の陰湿地や湿度の高いシオジ林内の岩上のコケの中などに生える小さな植物。花茎は高さ5-10cm，その途中に長さ7-12mmの茎葉がふつう1対つく。葉身は扇形で上縁には3-5対の内曲した特徴のある鋸歯があり，ふつう葉柄は葉身よりも長い。花期は3月中旬-4月上旬でネコノメソウ属では最も早い。萼裂片は緑色で平開し，裂開前の葯は橙赤色。
分布：本州(関東・東海地方)・四国・九州
2007.3.14　英彦山

ネコノメソウ
Chrysosplenium grayanum Maxim.
ユキノシタ科
山地の陰湿な場所に生育し，時に群生している。体は柔らかく花茎は高さ5-10cm，葉は対生し，葉身は卵円形-楕円形で縁には3-8対の鈍鋸歯がある。花期は4月で上部の茎葉と苞は明るい黄緑色であるが，のちには緑色となる。花も黄緑色で小さく径1.5-2mm，萼裂片は長楕円形で花時には直立，淡黄緑色で長さ約1mm。県内では分布のごく限られた植物である。
分布：北海道-九州
2005.4.10　英彦山

ヤマネコノメソウ

Chrysosplenium japonicum (Maxim.) Makino　ユキノシタ科

低地から夏緑樹林帯まで広く分布している，ごくふつうのネコノメソウ属の植物。林床や林縁などの湿った所を好む。ふつう高さは10cmあまりで数本が株立ちしている。根出葉，茎葉共にほぼ円形で縁には浅い切れ込みが数カ所にある。花茎は白毛を散生し1－2葉を互生する。花期は3－4月，花盤は緑黄色で裂開直前の葯は黄色。

分布：北海道西南部－九州
2008.4.3　英彦山

コガネネコノメソウ

Chrysosplenium pilosum Maxim. var. sphaerospermum (Maxim.) Hara
ユキノシタ科

山地の陰湿地に生える。ややかたまって生えることもあるが，シロバナネコノメソウなどと混ざって生えることが多い。葉は扇円形で縁には5－9個のまるい鋸歯がある。花茎は高さ5cmあまりで暗紫色。茎葉は小さく，ふつう1対。花期は4月で萼裂片は直立し鮮黄色，雄蕊は8個で萼裂片よりやや短く，裂開前の葯も鮮黄色。また，花に近い小さな苞葉も黄色になることがある。

分布：本州（関東地方以西）－九州
2003.4.17　英彦山

タチネコノメソウ

Chrysosplenium tosaense (Makino) Makino　ユキノシタ科

シオジ林内の降水時に水の流れるような場所に生える高さ5－10cmの多年草。花茎は無毛で，茎葉はないか，または1・2葉がある。根出葉はほぼ円形で5－9個のまるい切れ込みがある。茎葉や下部の苞葉も根出葉とほぼ同形かやや長め。地中に紅色を帯びた細くて短い走出枝がある。花期は4月下旬頃，花は径2－3mmで短い花柄があり，萼裂片は緑色で平開し，花盤は黄緑色，雄蕊は8個で，葯は花時黄色で8個が3・2・3個に分れて四角形に並ぶ。

分布：本州（関東以西）－九州
2006.4.24　英彦山

コウツギ

Deutzia crenata var. floribunda (Nakai) H. Ohba　ユキノシタ科

ウツギよりも標高の高い所に分布している。ウツギが日当たりのよい場所を好むのに対し，シオジやブナなどの樹下に生える。花期はウツギより1カ月以上遅く，夏緑樹林下部で6月下旬，上部では7月中旬になる。高さ2mくらいの落葉低木でよく分枝して枝先は垂れ下がる。葉・花共にウツギより小形である。花は白色で径7－10mmの大きさ，円錐花序に多数集まってつき，花序の長さは8－15cm，垂れ下がってつく。県内では他に御前岳にある。

分布：本州（紀伊半島以西）・四国・九州
2005.6.28　英彦山

ウツギ（ウノハナ）

Deutzia crenata Sieb. et Zucc.
ユキノシタ科

里山から山地にかけての路傍，林縁，崖地などの日当たりのよい場所にふつうに見られる落葉低木。葉の表面には4－6個の枝をもつ星状毛があってざらつき，裏面にも星状毛がある。花期は5－7月で，枝先に幅の狭い円錐花序がつく。花は白色の鐘形，花弁は5個で，花序にも星状毛がある。

分布：北海道南部・本州・四国・九州
2008.6.8　上寒田

ブンゴウツギ

Deutzia gracilis Sieb. et Zucc.
var. zentaroana (Nakai) Hatusima
ユキノシタ科

高さ1mくらいの落葉低木で山地の岩に生えることが多い。照葉樹林帯から夏緑樹林帯まで分布しているが, 英彦山地ではシオジ林内の大岸壁に大きな群落がある。花期は5月。花は円錐花序に多数つき, 白色で径1-1.5cmの梅花形。葉の両面に星状毛が散生し, 花筒には密生しているのが特徴。
分布：九州（中北部）
2000.5.14　英彦山

コガクウツギ

Hydrangea luteo-venosa
Koidz.　ユキノシタ科
照葉樹林帯から夏緑樹林帯にかけての日当たりのよい登山道などにごくふつうの落葉小低木。高さ50-100cmで沢山の小枝があり, 若い枝は紅紫色で光沢がある。英彦山では山麓部で5月中旬に咲きはじめ, 約1カ月かけて山頂部に達する。花は枝先に10-20花の集散花序としてつき, 周辺に1-3個の装飾花をつける。ふつう花は淡黄緑色で花冠は散りやすい。同属のガクウツギ H. scandens は本県にはない。
分布：本州（伊豆半島および近畿以西）・四国・九州
1998.6.11　犬ヶ岳

ヤマアジサイ

Hydrangea serrata (Thunb. ex Murray) Ser.　ユキノシタ科

夏緑樹林帯の川沿いやシオジ林内など，やや湿気のある場所に見られる落葉低木で，ふつう高さ50－100㎝。花期は7月，花序の周囲にある装飾花は長い柄をもち，花のように見える萼片は4枚でほとんどの個体は淡青色，時に濃い青色や紅色がある。装飾花に囲まれて中央に多数の小さな両性花があるが，花弁や花糸などは装飾花と同色である。花期が終わっても装飾花や果実は枯れ残る。かつて中央部の両性花まで装飾花に変わったマイコアジサイ f. belladonna Kitamura を見たことがあるが，今はない。

分布：本州（福島県以南の主として
　　　太平洋側）・四国・九州

2003.6.29　英彦山

ノリウツギ

Hydrangea paniculata Sieb. et Zucc.

ユキノシタ科

日当たりのよい林縁部などを好む。本山地では多くが高さ2－3mの低木であるが，幹の径が20㎝，高さは5mを超えるものがある。この植物は温帯の植物群落の遷移における先駆植物で草原が森林に変わっていく際によく群落をつくる。英彦山では道路沿い，林縁部，参道などに多い。花期は7－8月，円錐花序の周縁部に白色の大きな飾り花がつく。飾り花はふつう4枚。和名は内皮から粘液が出て，それが和紙づくりに使われたことによる。

分布：北海道－九州（屋久島
　　　まで）

2003.7.31　英彦山

ツルアジサイ
（ゴトウヅル）

Hydrangea petiolaris Sieb. et Zucc.　ユキノシタ科

イワガラミに似た落葉性のつる性の植物で，高木や岩にのぼり，長さは15mに達する。葉はやや薄く広卵形から卵円形，縁の鋸歯はイワガラミより細かい。花期は6月，花は集散花序としてつき，花序の径は約10cm，装飾花は径2－4cmあり萼片4個からなる。内側にある両性花ではつぼみの時には花冠がついているが，後に花冠は先がくっついたまま落ちてしまうので，花時には雄蕊と雌蕊のみになる。

分布：北海道－九州

1997.6.5　英彦山

オオチャルメルソウ

Mitella japonica Maxim.
ユキノシタ科

山地の渓流沿いの林下に生える。根出葉の葉身は長三角状卵形で，ふつう浅く5裂し，縁には不揃いの鋸歯があり，基部は心形，先端は尖っている。葉の両面に長毛と短腺毛がある。花期は4－5月，花茎は高さ20－35cmで短腺毛があり，多数の花が離れてつく。花弁は羽状に細く5－9裂している。花弁ははじめ平開，のちに反曲することが多い。犬ヶ岳にはツクシチャルメルソウ（M. kiusiana）がある。

分布：本州（紀伊半島）・四国・九州

1994.4.29　英彦山

ヤシャビシャク
Ribes ambiguum Maxim.
ユキノシタ科

多くはブナの樹上に着生しており，分枝して高さは20-40cm。英彦山地では1991年の台風によりブナ林が壊滅的な打撃を受けたために激減した。葉は腎円形か丸味のある五角形，全体に鈍鋸歯がある。花は4-5月に咲き，萼は大きく淡緑白色の梅弁状，花弁は萼裂片より小さい。液果は長さ7-12mm，径7-10mmの卵球形で全面に針状の毛が生え，緑色のまま熟す。中に小さな黒色の種子が多数入っている。

分布：本州(青森県以南,中国地方では鳥取県・岡山県・広島県・山口県)・四国(徳島県・高知県)・九州(福岡県・大分県・熊本県・宮崎県)
カテゴリー：絶滅危惧Ⅱ類(環境省)
2003.4.17　英彦山

ジンジソウ
Saxifraga cortusaefolia Sieb. et Zucc.
ユキノシタ科

山の日陰の崖地や転石上，時に山道にも生える多年草。英彦山では同属のダイモンジソウ S. fortunei は岸壁に，本種は崖の直下に生えることが多い。葉は円腎形から円形で根出葉。花期は9-10月，花茎は高さ10-35cm，集散花序に多くの花をつける。花弁は5個，上側の3弁は小さく広卵形で紅色の斑点があり，下側の2弁は長楕円形で大きく，長さ12-25mm。白色のこの2弁が目立ち「人」の字に見えるので人字草。

分布：本州(関東以西)-九州
2005.9.25　英彦山

クロクモソウ

Saxifraga fusca Maxim. var. kikubuki Ohwi.　ユキノシタ科

県内では犬ヶ岳だけに生育する希少な植物。深山の渓流沿いの岩上の比較的広い範囲に分布している。小形の多年草で、地中に根茎があって数枚の根出葉を出す。葉は円腎形で縁にはあらく丸味のある歯牙がある。花期は9月。花茎は細く高さ10－40cm、緑色で細毛があり、上部に花序をつける。花は径5－8mmの小さなもので平開し、全体は星形。花弁は長卵形で多くは暗紫褐色であるが、時に緑色のものがある。

分布：本州（近畿以西）・四国・九州
2006.9.22　犬ヶ岳

ダイモンジソウ

Saxifraga fortunei Hook. fil. var. incisolobata (Engl. et Irmsch.) Nakai
ユキノシタ科

明るいやや湿気のある岸壁を好む。葉身はユキノシタ形で浅く7－12裂して、それぞれに鋸歯がある。葉柄はほとんど無毛。花期は9－10月、花茎は高さ10－20cmで、花は集散形につく。5個の花弁のうち上側の3個は長楕円形で、長さ7－8mm、幅2mm、下側の2個は長さ10－16mmと長い。しかし下側の2個の長さは不揃いのことが多い。開花した時の花の形から「大文字草」の名がついた。

分布：北海道－九州
2005.9.25　英彦山

センダイソウ

Saxifraga sendaica Maxim.
ユキノシタ科
深山の谷間の岸壁に生える極めてまれな多年草。茎は径5㎜、高さ3-15㎝で上部に2-3枚の大きな葉がつく。葉柄は長さ3-12㎝で基部に托葉があり、葉身は卵形-卵円形で長さ3-12㎝、浅く7-11裂している。花期は10月、花茎は緑白色で分枝して散房花序をなし、径7-10㎝。萼片は5個、花弁は白色で5個、そのうち1-2個が大きく線状楕円形となり長さ18㎜、幅3.5㎜に達し絹光沢がある。雌蕊は2本で基部で合着、雄蕊は10本で長さ5-6㎜の白色の花糸の先には2つに分れた形の橙赤色の葯があり目立つ。襲速紀要素の植物で分布上貴重。
分布：紀伊半島・四国・九州
カテゴリー：絶滅危惧Ⅱ類(環境省)
1997.10.15　英彦山

イワガラミ

Schizophragma hydrangeoides Sieb. et Zucc.
ユキノシタ科
大きな木や岩にからんで伸びる藤本。幹は大きいもので径5㎝を超え、長さは20mにも達する。玉屋神社の大岸壁をはじめ、岸壁をこれが被っている所が多々ある。葉は広卵形で縁にあらい鋭い鋸歯がある。花期は5月で径10-20㎝の花序に大きな装飾花をもつ。装飾花の萼片は1個で大きく卵形または広卵形で、長さ16-35㎜、幅10-20㎜。よく似たツルアジサイ（Hydrangea petiolaris）の萼片は4個である。
分布：北海道－九州
2006.7.12　英彦山

ヒメキンミズヒキ

Agrimonia nipponica Koidz. バラ科

山地草原の道沿い，明るい木陰などに生える多年草で，高さは25-55mm，全体に毛がある。キンミズヒキに似るが，全体に細く小さい。葉は根元に集まってつき，大きめの小葉が5個と小さな葉が2-3対ある。また，葉柄の基部には大きめの托葉がある。花期は8-9月，花序はシーズンの終わり頃まで伸びて長いものでは20cm以上になる。花は下から咲き，花弁は5個，黄色で幅の狭い長楕円形で径約6mm。萼筒はコマ形で径約3mm，縁にはカギのある刺があって人や動物にくっつく。

分布：北海道(西部・南部)－屋久島

ヤマブキショウマ

Aruncus dioicus (Walt.) Fern. var. tenuifolius (Nakai) Hara バラ科

シオジ林内や登山道沿いのやや開けた樹下，特に岸壁の下部に多い多年草。太い根茎があり根出葉がある。茎は高さ50-80cmで葉は2回3出複葉，互生し1本の茎に数枚つく。小葉は先が尾状に尖り，側脈が深く裏側に突き出して溝になり，縁には鋭い鋸歯がある。花期は6月，大きな複総状円錐花序で花は白色，ユキノシタ科のアカショウマによく似ており，花の時期も生育場所も重なっているが，側脈のへこみ具合や鋸歯の状態から区別できる。

分布：北海道－九州
2003.7.16　英彦山

シモツケソウ

Filipendula multijuga Maxim.
バラ科

ふつう山地の草原などに生育する植物であるが，英彦山地ではブナ林のかつて土砂崩れの起きた所に見られる。栽培種のキョウガノコに似た植物で細くて丈夫な高さ50-80cmの茎があり，その先に花序をつける。葉は羽状複葉で頂小葉は大きく，カエデ形に5-7裂し下部には小さな側小葉が8-10対並んでつく。花序は径4-5mmの小さな花が集散花序に多数集まってつき淡紅色である。キョウガノコとははっきりとした側小葉の多さ，托葉が帯褐色であること，花期が7月下旬で遅いことなどで区別できる。

分布：本州(関東以西)・四国・九州

1997.7.22　英彦山

ツルキンバイ

Potentilla yokusaiana Makino
バラ科

英彦山の落葉林内のごく限られた範囲に生える多年草で，匍匐枝，葉柄，花柄などに毛がまばらに生える。匍匐枝は細くて長く赤褐色。花時には多くの根出葉は枯れている。小葉はふつう3個，時に5個，菱形で長さ1-2cm，先は尖っている。花期は4月下旬から5月，花序の多くは2個の花からなり，花は径15-17mm，花弁は縦横共に長さ約7mmの心形で黄色，基部は橙色を帯びる。

分布：本州(関東以西)－九州

2006.5.5　英彦山

種子植物 ── 被子植物 | 83

ケカマツカ

Pourthiaea villosa (Thunb.) Decne. var. zollingeri (Decne.) Nakai　　バラ科

カマツカ属にはカマツカ，ケカマツカ，ワタゲカマツカなどの変種がある。英彦山の稜線ではケカマツカ，犬ヶ岳ではワタゲカマツカであった。両者とも秋まで裏面の脈上に綿毛が残るが，ワタゲカマツカは果実にも綿毛が残る。花期は稜線部で5月，花序は枝先につき花弁は白色。果実は倒卵形か楕円形で長さ8－10mm，頂端に萼裂片を残す。果柄に皮目が顕著。赤く熟した果実はリンゴの風味がある。材はかたくて弾力に富むため鎌の柄や牛の鼻木などに使われてきた。

分布：北海道－九州
花　　1997.5.22
果実　2008.10.25　英彦山

ウワミズザクラ

Prunus grayana Maxim.　バラ科

照葉樹林帯上部から夏緑樹林帯にかけての、おもに谷間に生える高木。枝は紫褐色で、切ると臭気を放ち、節の部分が大きくふくらんでいることが多い。葉は長楕円形で長さ8－11cm、最下の2個の鋸歯は蜜腺に変化している。花期は4月下旬で新しい枝先に総状花序として付き、花序は長さ8－15cm。花は白色で平開し、多数のおしべが花弁より長く突き出す。果実は赤色から黒紫色になり果肉は甘い。

分布：北海道・本州・四国・九州(熊本県南部まで)

花　2005.4.29　帆柱
果実　2004.8.5　東峰村

イヌザクラ（シロザクラ）

Prunus buergeriana Miq.　バラ科

夏緑樹林帯の谷間に生える極めてまれな高木で、高さは25mに達する。樹皮は基部では細かく縦割れしエドヒガンに似るが、中間以上では横に長い皮目が目立ち、ヤマザクラに似ている。枝の先は細くしなやかであり、葉は狭長楕円形で先は細長く尖っており、縁は多少波打っている。花期は5月中－下旬。花序は長さ約10cm、花序枝は長さ3－5cmでそこには葉が全くない。よく似たウワミズザクラよりも20日程度遅れて咲き、花序は細長で個々の花も小さい。花序は木いっぱいにつくが、繊細で葉の緑にとけ込み派手さはない。

分布：本州・四国・九州
2008.5.22　犬ヶ岳

種子植物──被子植物 | 85

ヤマザクラ

Prunus jamasakura Sieb. ex Koidz.　バラ科

県内に自生するサクラ属の植物はモモ，イヌザクラ，ウワミズザクラ，リンボク，エドヒガン，ヤマザクラ，バクチノキの6種である。英彦山ではヤマザクラは山麓から標高約1000mまで広く分布しているが，銅の鳥居から奉幣殿までの参道がすばらしい。このヤマザクラははじめ200年ほど前に植えられたものであるが，その後枯れて，1908（明治41）年に植え替えられた。木は小さいがすでに90年が経ち，幹にはウメノキゴケのような地衣類が沢山ついて歴史を感じさせる。今は銅の鳥居から歩いて登る人がほとんどないのが残念である。

分布：本州（宮城県・新潟県以西）・四国・九州

表参道　2007.4.10

コバノフユイチゴ

Rubus pectinellus Maxim.　　バラ科
小さな常緑低木で細い茎は地面を這い白毛と刺が密生している。葉は小さく円形か卵状楕円形であるので、マルバフユイチゴの別名がある。多くの葉で表面の主脈と支脈の基部には黒い染みがある。本山地には広く分布しているが、特に暖温帯上部のモミ・ツガ林内に多く見られる。この植物は英彦山が現品地。花期は6月で花弁は5個で白色。萼片は花弁より長く縁は羽状に切れ込んでいる。果実は8月頃赤く熟し食べられる。
分布：本州・四国・九州
2005.5.23　英彦山

クマイチゴ

Rubus crataegifolius Bunge
バラ科
森林の伐採後数年放置されたような場所によく生える、高さ1－2mの落葉低木。茎の多くは直立し分枝する。茎や枝などに鉤形の刺が多い。葉は広卵形で大きく、長さ4－6cm、3－5浅・中裂して縁には不ぞろいの鋸歯がある。徒長枝の葉はさらに大きい。花期は4－5月、枝先や葉腋に数個からなる花序がつき、花弁は白色。果実は6月に赤く熟す。
分布：北海道・本州・四国・九州
2005.6.13　英彦山

エドヒガン「守静坊の枝垂桜」

Prunus pendula Maxim. f. ascendes (Makino) Ohwi　　バラ科
エドヒガンは県内では福智町に大小数十本が自生しており、町指定天然記念物の「虎尾桜」が有名である。英彦山のエドヒガンは銅の鳥居に近い守静坊にある。この木は江戸時代の文化・文政の頃に坊の真光院普覚が京都祇園から枝垂桜を分植したものといわれ、樹齢約200年の姿の整った由緒ある桜である。2010年、犬ヶ岳でも自生（213ページ）が確認された。
分布：本州・四国・九州
2006.4.7　英彦山

ヒメバライチゴ

Rubus minusculus Lév. et Van't.　バラ科

茎は高さ30-60cm，直立して緑色。山地の谷間など半日陰でやや湿気のある環境を好み，時に大きな群落ができる。刺は小さくまばらで触れても痛くない。葉は花枝で5-7個，徒長枝で7-11個，頂小葉が最も大きく，葉の裏には黄色の腺点がある。花は4-5月に咲き白色。果実は球形で赤く熟し食べられる。本山地にはよく似たバライチゴ R. illecebrosus も生育するといわれている。

分布：本州(関東南部以西)・四国・九州

2003.6.19　英彦山

クサイチゴ

Rubus hirsutus Thunb.
バラ科

伐採跡地や林縁など乾燥した日向の地に生え，時に群生する。高さ30-60cm，茎には細い刺のほか軟毛や腺毛を混生する。葉は花枝では3小葉，徒長枝で5小葉。花期は早く3-4月，花は大型で白色。果実も大きく，5月に赤く熟し甘く，登山などで最もよく口にするイチゴである。

分布：本州・四国・九州

1992.6.10　犬ヶ岳

ウラジロイチゴ（エビガライチゴ）

Rubus phoenicolasius Maxim.　バラ科
高さ1mくらいの小低木。山地の日当りのよい乾燥した場所に比較的まれに見られ，茎，枝，花序，葉柄などに赤褐色の腺刺毛を密生し危険な植物のように見える。葉は3葉からなり，頂小葉が大きく，葉の裏には綿毛が密生していて白く見える。花期は5－6月，茎の先に房状につき，花は白色で小さく，赤褐色の腺毛をもった萼のみが目立つ。写真は若い果実でのちに赤く熟す。
分布：北海道－九州
1999.7.9　英彦山

ナンキンナナカマド

Sorbus gracilis (Sieb. et Zucc.) C. Koch
バラ科
突き出た岩場や稜線上に生育する高さ1－2mの落葉低木。葉は長さ10－20cm，小葉は7－9枚でそれぞれが楕円形に近くナナカマド S. commixta のように尖っていない。また花序の下にほぼ半円形の大きな托葉をつけるのが本種の特徴である。花期は5月，枝先に散房状につくが花の数は少なく，5花弁の花も径数mmと小さい。秋は紅葉し，果実は赤熟し，落葉後も残る。本山地にはナナカマドもあるとされているが未確認。
分布：本州（福島県・新潟県以西）・四国・九州
花　　2005.6.1　英彦山
果実　2005.10.10　英彦山

種子植物 ―― 被子植物 | 89

ウラジロノキ

Sorbus japonica (Decne.) Hedlund　バラ科

照葉樹林帯上部から夏緑樹林帯にかけて生える落葉高木で，岩場や稜線に多い。葉は卵円形または広倒卵形で側脈は大形の鋸歯に達している。葉の裏側に白色の綿毛が密生しているためこの名がある。葉柄・若枝・花序などにも綿毛が多い。花期は5－6月で花は複散房状につき，花弁は広卵形で白色。果実は倒卵状楕円形で長さ9－14mm，幅8－11mm，朱色に熟し，小さな皮目が散在している。また甘酸っぱい味がする。

分布：本州－九州
花　2005.5.23　英彦山
果実　2008.11.1　岩石山

イワガサ

Spiraea blumei G. Don　バラ科

県内の香春岳や平尾台などの石灰岩上に生育するイブキシモツケ S. dasyantha や栽培種のコデマリ S. cantoniensis などと同属の植物である。県内では障子ヶ岳、築上町、豊前市などの岩上に生育している。高さ0.5－1.5mの低木で単生または叢生し、葉はひし形で上半分に不そろいの歯牙があり裏側は帯白色。花期は5月中・下旬、花は白色で径6－8mm。

分布：本州(近畿以西)・九州
2002.5.5　寒田

シモツケ

Spiraea japonica L. fil　バラ科

英彦山では上仏来山、鷹ノ巣山、玉屋神社、英彦山権現、中岳、南岳などの岩場に生育しているが、県内の分布は英彦山に限られる。高さ1mまでの低木で古い株では幹が叢生している。花はおもに6月に咲くが、その後も8月頃まで少しずつ咲く。花序は散房状で小さな花が球面状に並んでつく。花は淡紅色で径3－5mm。庭木として植えられることが多い。

分布：本州・四国・九州
2004.7.16　英彦山

ミヤマトベラ

Euchresta japonica Hook. fil. ex Regel
マメ科
照葉樹林下にごくまれに生育する高さ10－30cmの半低木。葉は3小葉からなり楕円形で厚く濃緑色で表面に光沢がある。花期は6月，花序は頂生し総状で花は白色。豆果は11月，黒紫色に熟し光沢があり，長さ15－17mm，径8－9mmの楕円形，外果皮，中果皮共に薄く中に1個の種子が入る。県内産地は4カ所だけの稀少種。香春岳の一ノ岳にもあったが，石灰岩の採掘により絶滅した。
分布：本州(関東以西の太平洋側)－九州
2002.6.18　みやこ町

ユクノキ（ミヤマフジキ）

Cladrastis sikokiana (Makino) Makino
マメ科
山地にまれな落葉高木で，高さは20mに達する。葉は羽状複葉で葉軸は長さ10－20cm，9－11個の小葉をつける。花期は6月下旬で複総状の花序は頂生して長さ20－30cm。上向きにつき白色の蝶形花を多数つける。花の長さは22mm前後，萼筒は長さ7－8mm，薄い焦茶色で縮れた短毛を密生する。旗弁は広倒卵形で花時に反曲する。翼弁と竜骨弁は共に長さ17mm程度で先は尖っている。日本特産種で花の多数ついた木は雪を被ったように白く見える。
分布：本州・四国・九州(熊本県以北)
2009.6.25　みやこ町帆柱

サイカチ

Gleditsia japonica Miq.　マメ科
谷川沿いにまれに生える落葉高木。幹の下部には長くて鋭い刺がある。葉は羽状複葉で長さ15－20cm、小葉はふつう17－27個。花期は5－6月、花は小さく雌花・雄花とも黄緑色で目立たない。豆果は広線形で大きく、ふつう長さ20cm、幅3cm、扁平でねじれて湾曲し、10月に濃紫色に熟して中に10－20個の種子がある。種子は黒褐色で長さ約10mmの楕円形でやや扁平。
分布：本州・四国・九州
2009.9.22　英彦山

ハネミイヌエンジュ

Maackia floribuuda (Miq.) Takeda　マメ科
落葉小高木。本品は谷川沿いの岩場に生え、幹の径は約12cmであった。葉は互生し、奇数の羽状複葉で、小葉はほぼ対生し9－13個、長楕円形で比較的厚い。花期は8月中旬で花序は枝の頂上につき、分枝して多数の小花をつけた複総状花序となる。小花柄は長さ3.5－4mm、花は白色で長さ7－10mm、萼は長さ4mm、花時上萼片と旗弁は接している。花序軸・小花柄・萼に毛が多い。
分布：本州(中部地方以西)・四国・九州
2004.8.9　犬ヶ岳

種子植物 ── 被子植物 | 93

ヤマフジ

Wisteria brachybotrys Sieb. et Zucc.　マメ科

英彦山では山麓部から標高800m付近までの林縁部を中心に非常に多く見られる。ほとんどが低木や亜高木にからまっているが，時には20m以上の高木にものぼっている。つるは右巻き，花序はフジ W. floribunda の長さ20－90cmに比べ，15－20cmと短い。花は4月中旬から5月中旬にかけて咲き，薄い紫色であるが，中には濃紫色や赤紫色のものがある。

分布：本州(近畿以西)・四国・九州

2008.5.8　英彦山

キハギ

Lespedeza buergeri Miq.
マメ科

日当たりのよい岩上に生える高さ1－2mの低木。英彦山地では珍しいものではないが，県内ではほかに香春岳や平尾台に見られるだけで，分布が限られている。ナツハゼ，ナンキンナナカマド，ネジキなどと共に岩場の植物の代表。葉は小葉3枚からなり，小葉は長楕円形で先は尖っている。花期は6－8月，葉腋から長さ2－5cmの総状花序をつけ，花は密につく。花は長さ約10mmで淡黄色，翼弁は紫紅色である。

分布：本州－九州

2004.6.29　英彦山

コミヤマカタバミ

Oxalis acetosella L.　　カタバミ科

我が国では主に亜高山帯の針葉樹林下に生育する植物であるが，本県では英彦山地と釈迦ヶ岳山地に分布している。湿気の多い谷間にあって岩上に生育するコケ類に混じって見られる。カタバミ特有の3個の小葉をもつ。花期は4月上旬で樹木の葉が展開中で，まだ林の中が明るい頃，葉柄より花茎を出し，先端に1花をつける。花は5花弁からなり，径1cmあまり，白色で花序にはピンク色の縦縞がある。

分布：北海道－九州（中国地方を除く）
2004.5.2　英彦山

コフウロ

Geranium tripartitum R.Knuth
フウロソウ科

夏緑樹林帯の登山道などのやや開けた場所にまれに生育する小形の多年草。ゲンノショウコのような派手さはないので見過ごしてしまうことが多いと思われる。英彦山地では茎は長さ10－20cm，基部は地面を這っている。葉は互生して3全裂し，各裂片には大きな鋸歯がある。花期は8－9月，花は白色で径約1cm，花弁には数本の条がある。萼には3脈があり，その先は芒状に尖っており，外面には開出毛がある。

分布：本州（山形県・宮城県以南）－九州
2003.8.15　英彦山

ナツトウダイ

Euphorbia sieboldiana Morr. et Decne.　トウダイグサ科

福智山地ではふつうに見られる植物であるが，その他の山地では分布が限られている。本山地では犬ヶ岳に生育している。落葉林下にあって，高さ30－50㎝の多年草。茎頂に細長い楕円形の葉を5個輪生し，5本の枝を斜上する。枝は非常に小さな杯状花序を頂生し，さらに，二又分枝を繰り返す。花序の下の苞葉は三角状卵形で対生している。夏燈台の名をもつが，3月に茎が上がるとすぐ花をつける早春の植物である。

分布：北海道－九州
2001.4.17　犬ヶ岳

シラキ

Sapium japonicum (Sieb. et Zucc.) Pax et K.Hoffm.
トウダイグサ科

本州，四国，九州の太平洋側のブナ林を代表する落葉小高木で高さ3－5m。葉は互生し，比較的大きく長さ7－12㎝の卵状楕円形，葉身の基部付近に有柄の腺点がある。花期は6月で枝の先に長さ10㎝くらいの細長い花序をつけ上部に黄色の小さな雄花を多数，下部に柄のある数個の雌花をつける。果実は3つに分かれたまるい形でのちに裂ける。秋に真っ赤に紅葉する。材は白くさくい。

分布：本州(岩手県・山形県以南)－琉球
2008.6.23　英彦山

ツタウルシ

Rhus ambigua Lavall. ex Dipp.　ウルシ科

夏緑樹林帯にあって気根を出して樹木や岩壁をよじ登るつる性植物。若枝には褐色の毛が密生するが後に無毛となる。葉は3出複葉で葉身は卵状楕円形。花期は6－7月，葉腋に小さな黄緑色の花を集めた総状花序をつけ，果実は8－9月に黄褐色に熟すがのちに外果皮がはがれて白色の中果皮が出る。秋に真赤に紅葉する。本種はヤマハゼやヤマウルシと共にウルシオールを含んでいることから強いかぶれを起こすので要注意。

分布：北海道－九州
2002.5.24　英彦山

マツカゼソウ
Boenninghausenia japonica Nakai
ミカン科
山地に比較的ふつうに生える多年草で林下,林縁にあり,どんな環境にも育つ。茎は高さ40−70cm,上方で分枝する。葉は3回3出羽状複葉で小葉は先はまるく基部はくさび形,腺点があり,裏面は帯白色。花期は8−10月,花弁は白色,葉には臭気があり,シカが嫌って食べないので今後繁殖するであろう植物の1種。
分布：本州(宮城県以南)−九州
2008.8.31　英彦山

ツルミヤマシキミ（ツルシキミ）
Skimmia japonica Thunb. var. intermedia Komatsu f. repens (Nakai) Hara　ミカン科
高さ60cmくらいまでの常緑の低木で本山地では暖帯上部からブナ帯まで広く分布している。光のあまり通らないよく茂った樹下を好む。幹の下部が地を這い上部は斜上する。葉は互生であるが上部では集まって輪生状になる。花期は4−5月,枝先に円錐花序をなして花をつける。花は白色で花弁は4枚。果実は液果で赤熟し,球形で径8mmあまり。有毒植物。
分布：本州(関東以西)・四国・九州
2004.5.2　英彦山
果実　1998.10.22　犬ヶ岳

ミヤマシキミ
Skimmia japonica Thunb.
ミカン科
照葉樹林帯から夏緑樹林帯にかけての林下にまれな高さ1mあまりの常緑の低木。茎は基部でやや斜上しのち立ち上がり,時に群生している。葉は茎の上方にやや集まってつき,ツルミヤマシキミに似ている。雌雄異株で,花は4−5月,枝先に円錐花序につき,花弁は白色で4枚,果実は球形で赤熟する。
分布：本州(関東地方以西)−九州
2004.5.22　岳滅鬼山

種子植物 ── 被子植物

イロハモミジ
（イロハカエデ）

Acer palmatum Thunb.
カエデ科
山麓から稜線部まで広く分布している小高木ないし高木のカエデで中腹以下に多い。葉身は長さ3.5－6㎝，幅3－7㎝，5－7深裂して先は長く尾状に伸び縁には不揃いの重鋸歯がある。花期は4－5月，花序は10－20花からなり，雄花と両生花が混ざっていて下垂する。
分布：本州（福島県・福井県以南）・四国・九州
2008.4.15　英彦山

オオモミジ
（ヒロハモミジ）

Acer amoenum Carr.
カエデ科
夏緑樹林帯にごくまれなカエデで高さは15mに達する。葉は大きく葉身は5－8㎝，幅5.5－10㎝あり，ふつう（5）－7－（9）に中裂している。裂片はやや幅が広く，形のよく揃った鋸歯があって，先端は細く伸びる。裏面の脈腋には秋まで毛が残る。秋，日向では紅葉し，日陰では黄変する。日本固有種。
分布：北海道（中部以南）・本州（日本海側は福井県以南）・四国・九州
2008.8.31　英彦山

コハウチワカエデ
（イタヤメイゲツ）

Acer sieboldianum Miq.
カエデ科

夏緑樹林帯の下部から山頂・稜線部に至るまで広く分布しており個体数も多く，ブナ林の重要な構成種。高木で高さ15mを超える。葉身は長さ4－7.5cm，幅5－10cm，7－11中裂して形の整ったうちわ形で，3－7cmの葉柄がある。花期は5－6月，花序は複散房状で15－20花からなり，長い柄の先につき下垂する。果期は6－9月，分果は長さ約2cm，果翼はほぼ水平に開く。秋にはウリハダカエデなどと共に紅葉して山を飾る。日本固有種。

分布：本州－九州
2008.5.8　帆柱山

ヒナウチワカエデ

Acer tenuifolium (Koidz.) Koidz.　カエデ科

英彦山や犬ヶ岳のおもにシオジ林に生育する高さ7mくらいまでの亜高木である。葉の径は4－7cm，うちわ形で9－11中裂，不規則な欠刻状の鋸歯がある。コハウチワカエデ（A.sieboldianum）に似た形をしているが，本種の方が木陰にありやさしい。4月下旬頃，まだ新葉が開き切らぬうちに花が咲く。花柄は2個の葉の間から出て5－10花を下垂する。萼片は5枚で赤色，花弁は黄白色で小さく目立たない。日本固有種。

分布：本州（福島県以南）－九州
2004.4.25　英彦山

テツカエデ

Acer nipponicum Hara
カエデ科

夏緑樹林帯に極めてまれな落葉高木。今年枝は緑色ではじめ褐色の縮毛があるが早く落ちる。葉ははほ五角形で(3)-5浅裂しその先は尾状に尖り，縁は不ぞろいの重鋸歯になっている。葉の大きさは5年生の幼木で長さ6-15-(18)cm，幅5-16-(24)cm，葉柄は2-11-(17)cm。表面の細脈はへこんでいるために全面に細かいはっきりした凹凸がある。脈上には毛がある。裏面は葉脈が突出したあらい網目で全面に短毛を密生し特に脈上に著しい。葉はウリハダカエデに似ているが本種の葉柄は円形であり，脈腋に毛が集まって残ることはない。日本固有種。

分布：本州(岩手県・秋田県以南)・四国・九州
2008.5.22　犬ヶ岳

コミネカエデ

Acer micranthum Sieb.et Zucc.　カエデ科

和名のようにおもに尾根筋に現れるカエデで，高さ5mくらいの落葉小高木。葉ははほ五角形で長さ幅とも5-9cm。ふつう5裂していて，それぞれはさらに重鋸歯になっている。特に上部の3つの裂片が大きい。花期は6月で花序は20-30個の小花をつけた房状で長さ約10cm，黄緑色で垂れ下がる。秋に真っ赤に紅葉する。日本固有種。

分布：本州・四国・九州
2004.6.21　英彦山

ウリカエデ
Acer crataegifolium Sieb.et Zucc.
カエデ科
山の急斜面の岩場に生える小高木で高さは5mになるが，多くは斜上している。樹皮は帯緑色，葉身は長さ3－8cm，幅1.5－5cmで，分裂しないかまたは中部以下で3浅裂しており，1つの木の中にも色々な形がある。雌雄異株で花期は4－5月，花序は共に房状に垂れてつく。果期は6－8月，分果は長さ約2cmで，果翼は水平に開く。秋に黄葉する。日本固有種。
分布：本州(福島県以南)－九州
2005.5.11　英彦山

ウリハダカエデ
Acer rufinerve Sieb.et Zucc.
カエデ科
山麓から山頂まで広く分布している小高木ないし高木のカエデ。樹皮は緑色でそれに黒色の縦縞模様がある。葉はほぼ五角形で大きく，長さ幅共に5－15cm。縁に重鋸歯があり葉柄は長さ2－6cm。成葉では裏面の脈上と脈腋に毛が残る。花期は5月，葉の展開と共に花序をつける。花序は10－20花からなり下垂する。雌雄異株で写真は雄花序を示す。秋，真っ赤な紅葉が山肌を飾る。日本固有種。
分布：本州・四国・九州(屋久島まで)
2006.6.6　英彦山

チドリノキ（ヤマシバカエデ）
Acer carpinifolium Sieb.et Zucc.
カエデ科
夏緑樹林帯の谷間に生える落葉小高木で高さは10mにもなる。高住神社から北岳への谷間には特に多く見られ，スギやシオジの林の亜高木層を形成している。葉は全く分裂せず長楕円形で先は鋭く尖りカエデらしくない。しかし葉が対生であることや翼のある果実を見ればカエデ類であることがわかる。雌雄異株。日本固有種。
分布：本州(岩手県以南)－九州
2005.6.1　英彦山

カジカエデ
（オニモミジ）

Acer diabolicum Blume ex Koch　カエデ科

夏緑樹林帯のシオジ林などに生える高木で高さは20mに達する。葉身は大きくほぼ五角形で長さ4－12cm, 幅5－15cm。3－5中裂しており, 中央の裂片が最も大きく, 左右の幅がほぼ等しく平行になっているのが特徴である。各裂片には大きな鋸歯が少数あるだけで細かな鋸歯はない。雌雄異株で花期は4－5月, 花序は総状で赤色。雄花序は下垂し, 雌花序はやや上向く。分果は果翼と共に長さ2.5－3cm, 2個の果翼はあまり開かない。日本固有種。

分布：本州(宮城県以南)・四国・九州

2008.7.10　英彦山

ミツデカエデ

Acer cissifolium (Sieb .et Zucc.) K. Koch　カエデ科

ブナとアカガシの混じるような環境に生育する極めて希少なカエデで高木になる。葉には長さ5－11cmの葉柄があり, その先に3個の小葉がつく。小葉は楕円形で頂小葉がやや大きく, 側小葉はやや非相称形。いずれも上半分に数対の大きな鋸歯がある。雌雄異株で5月に総状の花序をつけ垂れ下がる。写真は雌花。花は黄色, 花期頃の葉には全体に毛がある。10月中旬, 周辺の広葉樹より早く紅葉する。日本固有種。

分布：北海道(南部)・本州・四国・九州(中部)

2008.5.8　鷹ノ巣山

メグスリノキ

Acer nikoense Maxim.　　カエデ科
上部夏緑樹林帯の林内にごくまれな落葉樹で高さは10mくらいになる。葉は3出複葉で大きく、カエデ類らしからぬ形をしている。中央の小葉は柄があり長さ7－15cm、側小葉の柄は短く、内側が外側よりも小さな左右非相称形。どれも縁には波状の大きな鋸歯がある。雌雄異株で5月に開花する。秋には鮮やかに紅葉する。樹皮を煎じて洗眼に使ったことからこの名がある。日本固有種。
分布：本州（宮城県以南）－九州。北陸地方や近畿地方には少ない
2001.11.4　帆柱山

オニイタヤ（ケイタヤ）

Acer mono Maxim. var. ambiguum (Pax) Rehder　　カエデ科
夏緑樹林帯の谷間や渓流沿いなどに生える高木で高さは20mを超える。葉は5－7中裂し葉柄は長さ1.7－15cm、葉身は長さ7－15cm、幅10－21cmあり、大小変化に富む。これまで福岡県内でイタヤカエデとされていたものは本種と思われる。葉柄の上部から葉の裏面全体に短毛を生じ特に脈上に多いが、その多少は個体によりかなりの差がある。花期は4－5月、花は淡黄色で複総状につく。分果は長さ約2.5cm、果翼は90－100度に広がってつき、翼の幅は約9mmと広い。日本固有種。
分布：北海道（南部）・本州・四国・九州
2008.5.26　犬ヶ岳

ムクロジ（ムク）

Sapindus mukorossi Caertn.
ムクロジ科

山中にまれな落葉高木で高さは20mを超える。葉は大きく長さ30-70cm，幅7-20cm，小葉は偶数羽状複葉で頂小葉を欠く。花期は6月で，枝分かれした長さ20-30cmの花序に小さな黄緑色の花が多数つく。果実は球形で径約2cm，黄色ないし黄褐色に熟し基部に発達しない心皮がある。種子は球形でかたく，羽根突きの球として，また，果皮にはサポニンが含まれており，かつて，せっけんの代わりに使用された。

分布：本州（茨城県・新潟県以南）・四国・九州・琉球・小笠原
2006.8.22　東峰村

トチノキ

Aesculus turbinata Blume
トチノキ科

県内では英彦山と求菩提山にあるが深山にはなく，山麓に散在していることからすると，修験道の盛んであった頃に移入された可能性が高い。葉は「天狗のうちわ」に似て，英彦山にはうってつけの樹木である。5月下旬頃，円錐形の長さ30cmにも及ぶ大形の花序を上向きにつける。花弁は白色で反り返り，基部に紅斑がある。花からは長い雄蕊が突き出て目立つ。10月，かたいツバキに似た果実から大きな2個の種子が音を立てて落下する。東北・北陸地方などでは種子から渋抜きして栃餅をつくったりする。

分布：北海道（札幌市以南）・本州・四国・九州
2000.5.10　英彦山

アワブキ

Meliosma myriantha Sieb. et Zucc.
アワブキ科
山地に生える高さ8mくらいまでの落葉小高木。若い枝，花序，葉の裏の脈上などに茶褐色の毛がある。葉は長楕円形で先は尖っており，ほぼ平行な側脈が明瞭で，クリの葉に似ている。花期は6－7月，枝先に大きな花序を下垂ぎみにつける。花は淡黄白色で径約3mmの小さなもので，5個の花弁のうち3個が大きい。果実は赤く熟す。
分布：本州－九州
2004.6.20　英彦山

ミヤマハハソ

Meliosma tenuis Maxim.
アワブキ科
山地の疎林や林縁部などにややまれに生える落葉低木で高さは3mくらいに達する。枝は細く，葉は倒卵状長楕円形で先は尾状に尖っている。花期は6月，花序は狭三角形で下垂し，花序軸はじぐざぐ形。写真は開花前のものであるが，花は淡黄色で5個の花弁のうち3個が大きく2個は痕跡的である。
分布：本州－九州
1998.6.11　英彦山

ツリフネソウ

Impatiens textori Miq.
ツリフネソウ科

山麓部の水辺に生える一年草。最近はスギの人工林の間伐や下刈り跡に大群落をつくることがある。茎は太く高さ50－80cm，分枝して茂る。茎の節はふくらんで赤味を帯びる。9月中旬頃，葉腋から花軸が伸び花序をつける。花序は7－8花からなり，花は長さ35－40mm，花弁は3個で紅紫色，前半部は大きく広がった筒形，後半は細まって渦巻状の距になっている。内面には濃紫色の斑点がある。まれに花の白いシロツリフネ forma pallescens Hara がある。

分布：北海道－九州
2000. 9. 10　英彦山
シロツリフネ　2000. 9. 10　英彦山

ハガクレツリフネ

Impatiens hypophylla Makino
ツリフネソウ科

山地の林下に極めてまれに生育する一年草で茎は高さ30－50cm，ツリフネソウに似るが，細く，あまり分枝しない。葉には両面とも脈上に白色の縮れ毛がある。花期は9－10月，花序は葉腋から出てすぐに下に曲がり葉の下側に隠れて下垂する。花は細いじぐざぐ形の花柄につき淡い紅紫色で濃色の斑点があり，距は曲がるがツリフネソウのような渦巻状にはならない。

分布：本州（紀伊半島）－九州
1999. 10. 1　英彦山

キツリフネ

Impatiens noli-tangere L.
ツリフネソウ科

高住神社の境内のような明るい人工林の中を好み，時に群落となる。茎の高さは40−50cmで細く，あまり分枝しないのでツリフネソウと比べると清楚な感じがする。葉は長楕円形で，その葉腋から花序を垂らす。花期は7月から8月で，ツリフネソウより早い。細い花柄ははじめ葉の裏側の中脈に接して伸びるので花はちょうど葉の中ほどからぶらさがっているように見える。花は側面の長さ30−40mm。花弁は3個で黄色，全体は筒状で前方は大きく開き，後方は細長い距になりやや下に曲がる。

分布：北海道−九州
2003.6.29　英彦山

ミツバウツギ

Staphylea bumalda (Thunb.) DC.
ミツバウツギ科

林縁部に生える低木ないし小高木で英彦山にもあるが犬ヶ岳のうぐいす谷に多い。葉は対生して3小葉からなり，有花枝には2対，無花枝にはそれ以上つく。花期は4−5月，花は白色で下向きに咲き芳香がある。果実は上部が2−3に分かれた平たい風船状で変わった形になっている。

分布：北海道−九州
2005.4.30　犬ヶ岳

フウリンウメモドキ

Ilex geniculata Maxim.　　モチノキ科

夏緑樹林内にまれな高さ2－3mの落葉低木で雌雄異株。若い枝には稜がある。葉は卵状楕円形で先は細く伸びて尖り，基部は円形，縁には細かい鋸歯がある。葉や若い茎には短毛が散生しており，葉の裏では葉脈上に特に多い。花期は6月中旬で，葉腋から長さ8－15mmの花序軸を伸ばし，その先に雄株では3－5個，雌株ではふつう1－3個の花をつける。花弁は白色で広楕円形。果実は球形で径6－9mm，10月中旬，赤く熟して，長さ2－4cmの細い柄に下垂する。

分布：本州(東北地方南部の太平洋側)－九州

2006.9.14　英彦山

アオハダ

Ilex macropoda Miq.　　モチノキ科

夏緑樹林帯に生える雌雄異株の高さ5－10mの高木であるが個体数はあまり多くない。側枝はあまり伸びず短枝となり，葉の落ちた跡が鱗状のこぶとなって残るのが特徴である。葉は薄く広楕円形で先は短く尖っている。花期は6月，短枝の先の葉腋にそれぞれの花序がつく。花の数は雌花序は少なく雄花序に多い。花は小さく緑白色。果実は球形で真っ赤に熟し美しい。

分布：北海道(西南部・十勝地方)－九州
2005.10.10　英彦山

イソノキ

Rhamnus crenata Sieb. et Zucc.
クロウメモドキ科
日当たりのよい乾いた岩上に生える高さ2-3mの落葉低木。葉は卵状楕円形で互生し多少光沢がある。花期は6-7月，花は小さく黄緑色で径5㎜あまり。果実は径5-6㎜の球形で8月上旬には赤色，下旬には黒紫色になる。

分布：本州・四国・九州
2007.8.4　英彦山

クマヤナギ

Berchemia racemosa Sieb. et Zucc.
クロウメモドキ科
高さ5mあまりの木にのぼる落葉低木。枝は黄緑色で平滑。横枝は直角に出る。葉は卵形ないし楕円形，葉身の長さは3.5-6.5cm，裏面は帯白色で側脈は7-9対。花は7-8月に咲き，果実は1年後に成熟する。果実は長さ約8㎜の楕円形，黄から紅，さらに黒へと変色する。

分布：北海道-九州
2010.6.6　英彦山

ヘラノキ

Tilia kiusiana Makino et Shirasawa
シナノキ科
葉の形や総包葉に特徴がある。山地にまれな落葉高木で，葉は長楕円形で先は尾状に長く伸び，基部は左右の大きさが異なる。花期は7月，狭長楕円形の総包葉ができ，その中央部に10-20個の花からなる花序が下がる。花は淡黄色。径5㎜ほどの核果には短毛が密生している。名は総包葉の形からいう。

分布：本州(紀伊半島・中国地方)・四国・九州
2007.9.8　添田町長谷

ツリバナ

Euonymus oxyphyllus Miq.
ニシキギ科
山地の林内や稜線部などに生える落葉小高木で高さは4mあまり，枝は細い。花期は5-6月，花序は垂れ下がってつく。まず長さ4-6cmの総花柄があり，さらに分枝して花序となる。花は径7-8mmの小さなもので花弁は黄緑色から淡紫色まである。秋の果実は赤色で，割れて赤色の仮種皮に包まれた種子がのぞく。
分布：北海道－九州
2005.6.1　英彦山

マユミ

Euonymus sieboldianus Bl.　　ニシキギ科
照葉樹林帯から夏緑樹林帯までの日当たりのよい乾いた所に生える落葉小高木。英彦山地では林縁部や中岳の山頂部などにあって1-3mの低木が多い。花期は5-6月，花序は今年枝の葉の下方につき，花は黄緑色で小さく，4数性。果実には4稜があり径約1cm，熟して淡紅色になり，裂開して真っ赤な仮種皮に包まれた種子がのぞく。
分布：北海道－九州
2005.10.10　英彦山

クロヅル

Tripterygium regelii Sprague et Takeda　ニシキギ科

県内では英彦山と御前岳に生育する稀少種。落葉性の藤本で稜線部にあって，樹木のない所ではクマイザサを被い，立木のある所ではそれに上る。今年枝は赤褐色であることからベニヅルの別名がある。葉は互生し，楕円形で鋸歯がある。6月下旬，円錐形の長さ10-15cmの花序を頂生する。花弁は緑白色で径約6mm，花序の枝や花柄には毛が密生している。果実は淡緑色でヤマノイモに似た形の3翼をもった翼果である。葉は野生ジカの好物のようで届く範囲では食べられてつるだけになっていた。

分布：本州(東北地方-兵庫県の日本海岸および奈良県)・四国・九州
2003.6.29　英彦山

フッキソウ

Pachysandra terminalis Sieb.et Zucc.　ツゲ科

英彦山と求菩提山の数カ所に生育しているが，それらはいずれも坊跡かそれに近い所であることからかつて移入された可能性がある。林下に生える高さ10-20cmの常緑の小低木。茎は緑色でやや地を這い先で立つ。葉は厚く深緑色で上部に1-4対の鋸歯があり下部はくさび形。花期は4-6月，花は茎の先にできる長さ20-25mmの穂状花序につき，雄花は上方に，雌花は下方に分かれてつく。雄花は白色で17-21個，雌花は数個で2個の反り返った白色の花柱からなる。

分布：北海道-九州
2001.5.4　英彦山

種子植物――被子植物 | 111

クロタキカズラ

Hosiea japonica (Makino) Makino
クロタキカズラ科
石灰岩地を好むとされているが本山地では夏緑樹林帯の渓流沿いの岩の多い所に生えている。落葉性の藤本で木にのぼる。雌雄異株。葉は卵形、先の尖った大きな鋸歯があり、先端はやや尾状に伸びている。花期は5月、花序は2－4花からなり、花冠は深く5裂して緑色。果実はやや扁平な楕円形で9月に赤熟し垂れ下がり、長さ1.5－2cm、幅1.2－1.5cm、核には網目状に隆起する複雑な模様がある。日本固有種。
分布：本州（近畿地方北部以西）・四国・九州（北中部）
花　　2003.4.28
果実　2006.9.22　犬ヶ岳

イイギリ

Idesia polycarpa Maxim.
イイギリ科
照葉樹林帯上部から夏緑樹林帯にかけての自然林の斜面に生える落葉高木で直立し高さは15mを超える。葉は大きく葉身は卵心形で長い葉柄があり、裏面は粉白色。雌雄異株で4－5月に雌雄とも円錐花序が下垂する。液果は球形で赤色に熟し、落葉後、枯れ山に赤色が映えて美しい。果実の房は垂れてつくが、ナンテンを想起させるのでナンテンギリの別名がある。
分布：本州－琉球

ミツマタ

Edgeworthia chrysantha Lindley
ジンチョウゲ科
坊跡や社寺の境内などにあることが多い。豊前市では奥深い山中にも生育している所があり，昔，栽培されていたと思われる。英彦山では銅の鳥居から奉幣殿までの表参道に観賞のために植えられている。高さ2mくらいまでの低木で枝が3つに分かれる性質があるので「三叉」の名がある。花期は3月下旬－4月上旬で，頭状花序は30－50個の花からなり，筒状の萼には黄金色の絹毛がある。もともと和紙の原料であり，慶長年間に入ってきたといわれている。
2008.4.14　英彦山

キガンピ

Diplomorpha trichotoma (Thunb.) Nakai
ジンチョウゲ科
標高800mくらいまでの向陽の斜面に生える高さ1mくらいの小低木。今年枝ははじめ緑色でのちに褐色に変わり，枝は対生する。8月に今年枝の先端部に細い枝を対生してその先に少数の花からなる花序をつける。花は淡黄色。萼は細長い円筒形で口部は4裂し平開して全体はT字形となる。樹皮は丈夫でよく剥がれ，和紙の原料とされてきた。
分布：本州（近畿地方および中国地方西部）
　　－九州（大隅半島以北）
2005.7.28　英彦山

エイザンスミレ

Viola eizanensis Makino　　スミレ科

山地の木陰，登山道などに比較的ふつうに生育するスミレ。葉は3裂して各裂片には柄がある。また側裂片はさらに2裂するので全体は5全裂のように見える。花期は3月中旬から4月中旬，花は大きく全体にまるみがあり，一般には淡紫紅色であるが白色もある。距は長さ6-7mm，幅3mmで濃紫色の小斑が多数ある。果実は閉鎖花からでき，夏・秋を通じてつくられる。

分布：本州-九州

1997.4.13　英彦山

タチツボスミレ

Viola grypoceras A. Gray　　スミレ科

英彦山地に限らず，県内の低地から山地にかけて広く生育している代表的なスミレ。落葉林でも早春の林下の明るい時期に沢山の花に出合える。葉は心形ないし扁心形で低い鋸歯があり，基部は心形，先は下方の葉で鈍く，上方の葉で急にとがる。花の咲き始めの頃には地上茎は目立たないがのちに斜上してくる。花は直径1.5-2cmで淡紫色，距はふつう紫色を帯びる。

分布：北海道-琉球

2007.4.28

コミヤマスミレ

Viola maximowicziana Makino　スミレ科
夏緑樹林帯上部の湿気のある林下にまれに生えるスミレ。葉は卵状楕円形で地面に接し立ち上がらず，表面は緑色，帯紫色，暗紫色など変化に富み，白い斑が入ることもあり，裏面は帯紫色。葉，葉柄，花柄および萼にあらい毛がある。花弁は白色で細く，花の終わりの頃には上弁はねじれて反り返る。また萼片も反り返る。襲速紀要素型の分布を示す。

分布：本州（関東以西）－九州
2002.4.28　英彦山

ケマルバスミレ

Viola keiskei Miq.
スミレ科
明るい林下に生える。葉は円心形で柔らかく淡緑色で表裏ともあらい毛があり，縁には波形に近い鋸歯がある。花期は3月中・下旬。花柄は長さ8－12cmで花に近いほど赤紫色が濃く毛はない。花は大きくて上花弁の径は20mm，花弁の長さは約13mmで純白である。唇弁の基部には濃青紫色の条がある。距は大きく長さ7mm，幅3mmで紫色の小斑が多数ある。

分布：本州－九州
1990.4.1　英彦山

ナガバタチツボスミレ

Viola ovato-oblonga (Miq.) Makino
スミレ科

水はけのよい半日陰を好んで生える。根出葉は円心形であるが茎葉は長くなり，卵状狭三角形から披針形で先は次第に尖る。葉の表面は多くが暗緑色で，葉脈や裏面が紫色を帯びるものも多い。花期は4－5月で花柄は根生または茎上につき，花弁は長さ12－15㎜，花の色はタチツボスミレより濃く，中心部の白色もはっきりしている。

分布：本州(中部地方以西)－九州
2007.4.28　英彦山

ニオイタチツボスミレ

Viola obtusa (Makino) Makino　　スミレ科
山地の日当たりのよい乾燥した所に生え，全体に細かな毛がある。根出葉は円心形で基部は心形，茎は花期にはなく，花の後に伸びてくる。花期は4－5月，花柄に微毛があり，花は花弁が重なり合うように咲き濃紅紫色で，花心は白く紫色の条が目立ち芳香がある。距は長さ6－7㎜で平たく幅がある。花のあとの茎葉はナガバタチツボスミレに似ているが，先端にまるみがあることが異なる。

分布：北海道西南部－九州
2008.4.30　犬ヶ岳

シコクスミレ（ハコネスミレ）

Viola shikokiana Makino　　スミレ科

夏緑樹林帯の標高800−1100mの林下に生え、県内では英彦山地のほか釈迦ヶ岳山地と福智山地に分布が限られている。細くて長い地下茎をもつ。葉は少数で葉身は広卵心形、先は細く尖っている。葉の縁には独特の鋸歯があり、葉脈は裏側に深く落ち込んでいる。花は4月中旬から下旬に咲き白色。唇弁は他の弁より短く、紫色の条がある。距は2−3mmで短い。

分布：本州（関東西部−紀伊半島）・四国・九州

2006.5.5　英彦山

フイリシハイスミレ

Viola violacea Makino f. versicolor Hama
スミレ科

山地の明るい林下や開けた場所に生える無茎のスミレ。葉は長卵形−披針形、基部は心形で縁には低い鋸歯がある。葉の表面は暗緑色で葉脈に沿って白い斑が入っている。花期は4−5月で、花は直径1.5cm前後で淡紅色−濃紅紫色。唇弁には紫色の筋がある。多くの場合、葉に斑の入らないシハイスミレが混生している。

分布：本州（長野県南部以西）・四国・九州

1995.4.8　英彦山

キブシ

Stachyurus praecox
Sieb. et Zucc.
キブシ科
高さ2－4mの低木で林縁部に多く見られる。花期は3月下旬から4月上旬で，葉に先立って長さ5－10cmの総状花序として垂れる。雌雄異株であるが花には大きな違いはない。雌花には径約7mmの円形の果実が房状に下がる。雑木林にあって早春に目をひく植物である。
分布：全国
2003.4.17　英彦山

モミジカラスウリ

Trichosanthes multiloba Miq.　ウリ科
谷間の林縁に生える。茎は長く伸びてつるになり巻ひげでからまって樹木にのぼる。つるは基部付近で直径11－13mm，縦に数条の溝がある。葉は大きく掌状に6－9中，深裂し，大きい葉では葉身の長さ18cm，幅20cm，葉柄8cm程度。表面に短いあらい毛がありざらつく。花期は6－8月，花冠は白色で5花弁からなり，縁は細かく分裂して糸状になり長く伸びる。雄花はふつう葉のない下部につき，雌花は上方につく。写真は雄花で開花後花弁は反り返る。果実は大きな楕円形で長さ約8cm，径約6cm，長さ約11cmの長い柄で垂れ下がり黄色に熟す。
分布：本州(紀伊半島以西)－九州
2005.6.28　英彦山

ミヤマタニタデ

Circaea alpina L.
アカバナ科

深山の湿った岩陰に生える小さな多年草。茎は高さ5-15cm、葉身は三角状広卵形であらい鋸歯があり、長さ1-4cmで、長い葉柄がある。花期は6月で、茎の先端から花茎が伸び数個の花をつける。花は萼裂片も花弁も2個で、花弁は白色。果実は倒卵形でかぎ状の刺毛がある。北方寒冷地に多い。

分布：北海道-九州
2003.7.16　英彦山

タニタデ

Circaea erubescens Franch. et Savat.
アカバナ科

谷間の林下に生える高さ10-40cmの多年草で細長い根茎がある。茎は節の部分で赤味を帯び多少ふくれる。葉は卵形で先は尖り、基部はまるく、縁には低い波鋸歯がある。花序は大きな個体では枝先に分枝してつき、総状花序で花柄のある白色の小さな花をつけ、花弁は2個でその先端は3裂する。おしべは2本。果実は倒卵形でかぎ毛を密につける。果期に果柄は下を向く。

分布：北海道-九州
2003.8.15　英彦山

モミジウリノキ

Alangium platanifolium (Sieb. et Zucc.) Harms var. platanifolium　ウリノキ科
高さ2－3mの落葉低木で,ふつう標高1000m以下の谷間に多い。英彦山では高住神社の参道沿いから上部のシオジ林まで見られる。葉は5深裂して掌状,薄く長さ5－15cmで大小の葉が混ざる。葉には長さ3－8cmの細長い柄がある。花期は6月,葉腋にまばらに花をつけた花序ができる。花は垂れ下がって咲き,蕾は白い棒状,咲くと線形の花弁は外側に反り返って雌蕊と雄蕊のみが長く突き出た形になる。
分布：本州西部・四国・九州
2002.6.15　英彦山

ヤマボウシ

Benthamidia japonica (Sieb. et Zucc.) Hara　ミズキ科
高さ3－10mの落葉樹で英彦山地にはあまり多くない。枝は横に張る性質がある。葉は楕円形で先は尖り,縁は波打っている。花期は6－7月,外側にある4個の花弁に似た部分は総苞片で,はじめ淡緑色のちに白色になり,最終期には紅色を帯びるものがある。花は中心部に密集してつく。果時に子房は肥厚して互いに合着し,球形の集合果となり,赤熟して食べられる。
分布：本州－九州(屋久島まで)
1997.6.14　求菩提山

ハナイカダ

Helwingia japonica (Thunb.) F. G. Dietrich　ミズキ科

湿気の多い谷間やシオジ林内などに生育する雌雄異株の落葉小低木でふつう幹は斜上して高さ1mあまり。若い枝は緑色ですべすべしている。葉は互生して長楕円形、5月に葉の中脈上に緑色の小さい花をつける。雌花は通常1個、雄花は数個集まってつき、花弁は3－4個、淡緑色で反り返る。葉の中脈は花のつく所までは太く、それより先は細い。果実は黒く熟す。
分布：北海道(南部)・本州・四国・九州
2004.6.20　英彦山

クマノミズキ

Swida macrophylla (Wall.) Soják
ミズキ科

低山地から山地にかけての川沿いや谷間に広く分布している落葉高木で幹はふつう垂直に立ち、年々伸びた幹の先端部から側枝を輪生するので階段状のきれいな樹形となることが多い。葉は楕円形でやや大きく長さ10－15cm、対生している。花期は6－7月で枝先に白色の小さな花を散房状につけるが、木が高いので花を手にすることが難しい。よく似た種類に葉の互生したミズキがあるがクマノミズキの方が圧倒的に多い。
分布：本州－屋久島
2002.6.19　英彦山

種子植物 ── 被子植物 | 121

コシアブラ

Acanthopanax sciadophylloides Franch. et Savat.　ウコギ科

夏緑樹林帯の林内に小高木として生えることが多いが時に15mを超える。幹は真っ直ぐに立ち枝は灰白色。葉は大きく5枚の小葉からなり長い枝をもつ。小葉は薄く長さ10－20cmの倒卵状楕円形。花期は8－9月，枝先に長い柄のある複散形の花序をつける。花は小形で多数あり薄い緑黄色。果実は多数で黒熟する。落葉前，葉は全体の色素が抜けたような白っぽい色に変わる。春の若芽は山菜。

分布：北海道－九州
2008.9.8　英彦山

タカノツメ

Evodiopanax innovans (Sieb. et Zucc.) Nakai　ウコギ科

夏緑樹林にある小高木で雌雄異株。短枝と長枝があり，葉は互生し，ふつう短枝に集まってつく。葉柄は長く3小葉の複葉であるが，短枝の基部ではしばしば単葉。花期は5－6月，短枝の先に花軸を出し，上部で分枝して枝先に球状の花序をつけ，多数の黄緑色の小花が開く。写真は雄性の花序を示す。冬芽の形が鷹の爪に似ていることからこの名があるといわれている。秋に黄葉する。

分布：北海道－九州
2005.6.1　英彦山

トチバニンジン

Panax japonicus C. A. Mayer　ウコギ科

照葉樹林帯上部から夏緑樹林帯にかけての林下に生える多年草。太い白色の根茎が横に這い節があるのでチクセツニンジンの名がある。茎は花柄と共に高さ40－60cm，トチノキの葉に似た形の複葉が3－5個輪生し，それぞれに5－7の小葉がつく。花期は6月，花序は球形で多くの花をつける。花は小さく径約3mmで淡緑黄色。果実は7－8月赤く色づく。

分布：北海道－九州
2005.7.28　英彦山

ミヤマタニタデ
Circaea alpina L.
アカバナ科

深山の湿った岩陰に生える小さな多年草。茎は高さ5-15cm、葉身は三角状広卵形であらい鋸歯があり、長さ1-4cmで、長い葉柄がある。花期は6月で、茎の先端から花茎が伸び数個の花をつける。花は萼裂片も花弁も2個で、花弁は白色。果実は倒卵形でかぎ状の刺毛がある。北方寒冷地に多い。

分布：北海道－九州
2003.7.16　英彦山

タニタデ
Circaea erubescens Franch. et Savat.
アカバナ科

谷間の林下に生える高さ10-40cmの多年草で細長い根茎がある。茎は節の部分で赤味を帯び多少ふくれる。葉は卵形で先は尖り、基部はまるく、縁には低い波鋸歯がある。花序は大きな個体では枝先に分枝してつき、総状花序で花柄のある白色の小さな花をつけ、花弁は2個でその先端は3裂する。おしべは2本。果実は倒卵形でかぎ毛を密につける。果期に果柄は下を向く。

分布：北海道－九州
2003.8.15　英彦山

種子植物 ── 被子植物 | 119

モミジウリノキ

Alangium platanifolium (Sieb. et Zucc.) Harms var. platanifolium　ウリノキ科
高さ2－3mの落葉低木で，ふつう標高1000m以下の谷間に多い。英彦山では高住神社の参道沿いから上部のシオジ林まで見られる。葉は5深裂して掌状，薄く長さ5－15cmで大小の葉が混ざる。葉には長さ3－8cmの細長い柄がある。花期は6月，葉腋にまばらに花をつけた花序ができる。花は垂れ下がって咲き，蕾は白い棒状，咲くと線形の花弁は外側に反り返って雌蕊と雄蕊のみが長く突き出た形になる。
分布：本州西部・四国・九州
2002.6.15　英彦山

ヤマボウシ

Benthamidia japonica (Sieb. et Zucc.) Hara　ミズキ科
高さ3－10mの落葉樹で英彦山地にはあまり多くない。枝は横に張る性質がある。葉は楕円形で先は尖り，縁は波打っている。花期は6－7月，外側にある4個の花弁に似た部分は総苞片で，はじめ淡緑色のちに白色になり，最終期には紅色を帯びるものがある。花は中心部に密集してつく。果時に子房は肥厚して互いに合着し，球形の集合果となり，赤熟して食べられる。
分布：本州－九州（屋久島まで）
1997.6.14　求菩提山

ハナイカダ

Helwingia japonica (Thunb.) F. G. Dietrich　ミズキ科

湿気の多い谷間やシオジ林内などに生育する雌雄異株の落葉小低木でふつう幹は斜上して高さ1mあまり。若い枝は緑色ですべすべしている。葉は互生して長楕円形、5月に葉の中脈上に緑色の小さい花をつける。雌花は通常1個、雄花は数個集まってつき、花弁は3－4個、淡緑色で反り返る。葉の中脈は花のつく所までは太く、それより先は細い。果実は黒く熟す。

分布：北海道(南部)・本州・四国・九州
2004.6.20　英彦山

クマノミズキ

Swida macrophylla (Wall.) Soják
ミズキ科

低山地から山地にかけての川沿いや谷間に広く分布している落葉高木で幹はふつう垂直に立ち、年々伸びた幹の先端部から側枝を輪生するので階段状のきれいな樹形となることが多い。葉は楕円形でやや大きく長さ10－15cm、対生している。花期は6－7月で枝先に白色の小さな花を散房状につけるが、木が高いので花を手にすることが難しい。よく似た種類に葉の互生したミズキがあるがクマノミズキの方が圧倒的に多い。

分布：本州－屋久島
2002.6.19　英彦山

コシアブラ

Acanthopanax sciadophylloides Franch. et Savat.　ウコギ科

夏緑樹林帯の林内に小高木として生えることが多いが時に15mを超える。幹は真っ直ぐに立ち枝は灰白色。葉は大きく5枚の小葉からなり長い枝をもつ。小葉は薄く長さ10－20cmの倒卵状楕円形。花期は8－9月，枝先に長い柄のある複散形の花序をつける。花は小形で多数あり薄い緑黄色。果実は多数で黒熟する。落葉前，葉は全体の色素が抜けたような白っぽい色に変わる。春の若芽は山菜。

分布：北海道－九州
2008.9.8　英彦山

タカノツメ

Evodiopanax innovans (Sieb. et Zucc.) Nakai　ウコギ科

夏緑樹林にある小高木で雌雄異株。短枝と長枝があり，葉は互生し，ふつう短枝に集まってつく。葉柄は長く3小葉の複葉であるが，短枝の基部ではしばしば単葉。花期は5－6月，短枝の先に花軸を出し，上部で分枝して枝先に球状の花序をつけ，多数の黄緑色の小花が開く。写真は雄性の花序を示す。冬芽の形が鷹の爪に似ていることからこの名があるといわれている。秋に黄葉する。

分布：北海道－九州
2005.6.1　英彦山

トチバニンジン

Panax japonicus C. A. Mayer　ウコギ科

照葉樹林帯上部から夏緑樹林帯にかけての林下に生える多年草。太い白色の根茎が横に這い節があるのでチクセツニンジンの名がある。茎は花柄と共に高さ40－60cm，トチノキの葉に似た形の複葉が3－5個輪生し，それぞれに5－7の小葉がつく。花期は6月，花序は球形で多くの花をつける。花は小さく径約3mmで淡緑黄色。果実は7－8月赤く色づく。

分布：北海道－九州
2005.7.28　英彦山

ヨロイグサ

Angelica dahurica (Fisch.) Benth. et Hook.　セリ科

林縁部の草地や伐採跡地などに生える高さ2-3mの大形の植物。近縁の種にシシウドがあるが，ふつうそれよりも大きくなる。葉は大きくて2-3回3出羽状複葉で，小葉は細長い楕円形で先は細く尖り，縁には不揃いのぎざぎざがある。花期は7月，花は白色，傘状の大きな花序をつける。果実は扁平で2個が合着し周囲は翼状に広がっている。

分布：本州・九州
2004.7.24　添田町長谷

ハナウド

Heracleum nipponicum Kitag.　セリ科

山地，山麓に生える越年草。茎は直立して高さが1.5mにも達する大形の草本で時に群生する。葉は3出葉か単羽状複葉で，小葉は2-3対あり，浅-中裂してあらい鋸歯がある。花期は5-6月，花序は茎頂部につき径15-20cmでやや平面に小花を並べる。花序の周辺花は花弁がよく発達しているが，その中でも最も外側にあるものの1花弁が大きくなり，装飾花の感がある。

分布：本州(関東以西)-九州
2002.5.24　添田町津野

リョウブ

Clethra barvinervis Sieb. et Zucc.
リョウブ科

丘陵地から夏緑樹林帯まで広く分布している落葉亜高木である。山地の稜線部には幹の径が30cmを超える大きな木がある。幹は茶褐色，ナツツバキなどに似てなめらかで，樹皮が剥げ落ちた跡が白くまだら模様になる。花期は7月，枝先に数本の長さ10－20cmの総状花序をつける。花は白色で花弁は5個。

分布：北海道（南部）－九州
2003.7.31　英彦山

ウメガサソウ

Chimaphila japonica Miq.
イチヤクソウ科

県内では常緑林内に生えるとされているが森林伐採などでほとんど見られなくなっている。写真は標高940m付近のブナとアカガシの混ざる場所で撮影したものである。常緑の草状の小低木で地上茎は高さ2－8cm，2－3段に分かれて葉がつき，下部では4－5個。葉は長さ2－2.5cm，縁に刺状の鋸歯がある。花期は6月中旬，茎の先に長さ4－6cmの花序が伸び先端にふつう1個，時に2個の花がつく。花は白色の広鐘形で斜下向きに咲く。萼片は花弁が散ってからも残り，果実は次第に上向く。

分布：北海道－九州
1997.6.27　英彦山

ギンリョウソウモドキ

Monotropa uniflora L.
イチヤクソウ科

夏緑樹林帯の林下にはえる無葉緑の腐生植物。ギンリョウソウよりも少数で標高の高い所に出現する。ギンリョウソウが5-7月に現れるのに対し本種は9月に出るのでアキノギンリョウソウの別名がある。茎は高さ10-20cm，鱗片葉は長楕円形で花は下向きに咲く。花の長さは22-25mm，最もふくらんだ所で径13mm，萼片，花弁共に3-5枚，内面に軟毛がある。花が終わると首は上向きに転じ，果実は真上につく。
分布：本州-九州
1989.9.23　英彦山

ギンリョウソウ（ユウレイタケ）

Monotropastrum humile (D. Don) Hara
イチヤクソウ科

シイ・カシなどの茂る照葉樹の森の腐葉土に生える無葉緑の腐生植物である。英彦山は標高が高いのであまり見られず，標高680mまで確認している。植物体は純白，茎は直立して高さ5-15cm，鱗片葉に包まれ，1個の花を下向きにつける。花期は5-7月，花弁は萼片より長く，長楕円形で花の先端部はやや広がった鐘形，子房は1室で，花が終わると首はもち上がり，果実は横向きにつく。
分布：北海道-琉球
2002.5.24　英彦山

マルバノイチヤクソウ

Pyrola nephrophylla (H.Andres) H. Andres
イチヤクソウ科
深山の林下に生える県内では極めてまれな多年草。英彦山地では2カ所に生育地があったがいずれも採取されて消滅した。径1mmくらいの細くてかたい地下茎が這って繁殖するので数株がかたまってある。葉は2－6個，偏円－円形で葉身より幅の方が広いものが多い。花期は6月下旬，高さ10－15cmの花茎に5－10個の花を斜め下向きにつける。花は白色で浅い鐘形，径8mm。
分布：北海道－九州
1990.6.24　英彦山

イチヤクソウ

Pyrola japonica Klenze
イチヤクソウ科
照葉樹林帯から夏緑樹林帯下部にかけての林下に生える多年草であるが，個体数は少ない。葉は卵状楕円形ないし広楕円形で縁には低い鋸歯がある。花期は6－7月で，高さ15－25cmの花茎上に少数の花をつける。萼裂片は披針形，花は白色でやや下向きに咲き，花柱は湾曲している。
分布：北海道－九州
1999.7.9　英彦山

アクシバ

Vaccinium japonicum Miq.　　ツツジ科
日当たりのよい岩上に生える高さ20－50cmの植物で所によっては地面を這った形になっている。若い枝は緑色で先の方はじぐざぐに曲がっている。また，茎の中央部には縦の深い溝がある。若い茎が緑色である点では同じような環境に生えるウスノキに似ているが本種は無毛，葉の表面は濃緑色，裏面は帯白色で網目状の脈がはっきりしている。花期は7－8月，葉腋から長い花柄をもつ1花を下垂する。蕾は披針形で長さ約1cm，花冠は淡紅紫色，開くと渦巻状に反り返る。果実は球形で径約5mm，9月に赤熟し，少し甘味がある。紅葉がきれい。
分布：北海道－九州
2004. 8.25　英彦山

ケアクシバ

Vaccinium japonicum Miq. var. ciliare Matsumura ex Komatsu　　ツツジ科
標高950－1150mの日当たりのよい岩場に生える落葉低木で高さは15－50cm。若枝は緑色で明瞭な溝があり，そこに先の曲がった毛を密生している（アクシバは無毛）。毛は枝の先部ほど多い。葉は楕円形－卵状楕円形で長さ1－3cm，縁には先が腺毛になる鉤形の細鋸歯がある。葉は表裏とも葉脈部がへこんでおり裏は白みを帯びる。花期は7月で，毛の生えた柄に1花がつく。蕾は披針形で長さ約1cm，花冠の筒部は白色，上部は淡紅紫色で開いて反曲する。おしべ，めしべは長く突き出す。果実は球形で径7－8mm，9－10月に赤熟する。
分布：本州（中部地方の南西部以西）・四国・九州
花　2004. 7.16　英彦山　果実　2005.10.10　英彦山

アセビ

Pieris japonica (Thunb.) D. Don　　ツツジ科
高さ1.5－3mの常緑低木で山の岩場や風のよく通る急斜面などに生え，時に小群落を形成するが，英彦山地ではあまり目立つ存在ではない。葉は枝先に集まり長楕円形で中部から上に浅い鋸歯がある。花期は4－5月，枝先から円錐花序を下垂し多くの花をつける。花序の軸や枝には短い毛が密生する。花は細いつぼ形で白色，長さ6－7mm，先は浅く5裂して裂片は広円形で反り返る。有毒植物で馬が食べると酔ったようになるので「馬酔木」と書く。
分布：本州（宮城県以南）－九州
2008. 4.3　英彦山

レンゲツツジ

Rhododendron japonicum (A. Gray) Suringar　ツツジ科

築山や公園などに植えられることの多いツツジである。もともと温帯の草原を好む植物で高さ50-150cm，幹はあまり分枝せず太い枝先に花芽をつける。花期は5月上旬，花冠は朱橙色。英彦山の生育地はもとススキ草原であった所であるが，現在ではススキや樹木の侵入により絶滅寸前の状況になっている。少数であるがキレンゲツツジ f. flavum Nakai も混じって見られる。

分布：本州・四国・九州
2001.5.4　英彦山
キレンゲツツジ　2003.5.2　英彦山

ヤマツツジ

Rhododendron obtusum
(Lindl.) Planchon var.
kaempferi (Planchon) Wilson
ツツジ科

全国に分布し県内でも山地にごくふつうの半落葉の低木のツツジであるが，本山地での分布は標高1050mくらいまでで個体数も少ない。日当たりのよい乾燥した岩場では地面に這った形のものがあり，葉は小さくしまっていて，ミヤマキリシマではないかと思われるものがあるが，これまで見た限り花はヤマツツジであった。花期は6月，花は朱赤色で上裂片の内側に濃い斑点がある。

分布：北海道南部－九州
1999.5.28　英彦山

ヒカゲツツジ

Rhododendron Keiskei Miq.　ツツジ科
県内の生育地は英彦山地に限られている。ほとんど直射の当たらない岩壁に生える常緑のツツジ。他県では高さが2mに達する大きなものがあるが，本山地では15－50cmと小さい。葉は枝先に数枚つき，淡緑色で厚く皮革様の小さなしわがある。枝先に花芽を生じ，その中から2－6個の花が咲く。花は淡黄緑色で径3－4cm。深山の岩壁に相応しい花である。

分布：本州(関東地方以西)－九州
2004.4.25　英彦山

種子植物――被子植物 | 129

ツクシシャクナゲ

Rhododendron degronianum Carriére subsp. heptamerum (Maxim.) Hara
ツツジ科

本山系の銘花で岩の露出した稜線部や崖上などに多い。犬ヶ岳の大日岳一帯は国の天然記念物に指定されている。その他，北岳，鷹ノ巣山，障子ヶ岳，岳滅鬼山などに群落がある。開花量は年により変動が大きく，大量開花の翌年は不作といわれるが，2005年・2006年は連続して豊作であった。本種は我が国のシャクナゲの中で特に花が美しいといわれる。花冠は7裂し，雄蕊は14本ある。白花は豊前市岩屋で植栽。

分布：本州(紀伊半島)・四国・九州
2006.5.11　英彦山
花拡大　2008.5.8　犬ヶ岳
白花　2006.5.5　豊前市産家

ゲンカイツツジ

Rhododendron mucronulatum Turcz. var. ciliatum Nakai　ツツジ科

本山地では向陽の岩上に広く分布している。岩角地植物の代表で，3月下旬から4月上旬に，どのツツジ科植物より早く開花する。樹高は1.5mくらいまでで，古い株では直径1cmくらいの枝が叢生している。花は葉に先立って咲き紫紅色できれい。群落の中には母種のカラムラサキツツジが含まれる。また，大陸系の植物で県内では福智山地などにも分布しているが，東峰村岩屋の群落が県の天然記念物に指定されている。白花は植栽。

分布：国内　中国・四国・九州
　　　国外　朝鮮半島
カテゴリー：絶滅危惧Ⅱ類(環境省)
2006.4.7　英彦山

ネジキ

Lyonia ovalifolia (Wall.) Drude var.elliptica (Sieb. et Zucc.) Hand.-Mazz.　ツツジ科

照葉樹林帯から夏緑樹林帯にかけての山地の高木のない日当たりのよい岩場などに生える低木ないし小高木。樹皮が縦にねじれているのでこの名がある。花期は5－6月，前年枝の脇から細長い花序を横に伸ばして多数の花を下向きにつける。花冠は白色で長さ約8mmの筒形，先は細まり先端の裂片は平開する。柱頭は花冠とほぼ同じ長さ，おしべは途中で大きく蛇行して変わった形になっている。

分布：本州(山形県・岩手県以南)・
　　　四国・九州
2008.6.7　上寒田

種子植物——被子植物 | 131

サイゴクミツバツツジ

Rhododendron nudipes Nakai
ツツジ科

本山地では標高850m以上の岩尾根の肩と断崖の壁面に生えており極めてまれ。類似のコバノミツバツツジとは地形的に住み分けているように思える。若枝や葉柄に毛のないのが特徴で若い葉の表面には褐色の長毛、裏面の脈上にも毛がある。成葉は一般にコバノミツバツツジよりやや大きく表面に光沢がある。枝先につく花はほとんどが1個で、ふつう薄い紫色から赤色であるが中には濃赤紫色の個体もある。花期は5月上旬。

分布：福岡県・大分県・熊本県・宮崎県

2008.5.8　帆柱山

コバノミツバツツジ

Rhododendron reticulatum D. Don　ツツジ科

高さ1.5－3mの落葉低木。山麓から山頂部まで広く分布している。若枝や葉柄に毛が密生している。葉は三輪生で葉身はふつう卵状楕円形ないし卵円形であるが変化が大きい。花期は3月下旬から4月下旬。枝先の1個の花芽から1－2個の花が咲く。花冠は紅紫色で上側内面に濃い斑点がある。子房は白色で光沢のある長毛で被われている。

分布：本州(静岡県西部・長野県南部以西)－九州(北部)

2002.4.28　英彦山

バイカツツジ

Rhododendron semibarbatum Maxim.　ツツジ科

高さ1.5mくらいまでの落葉低木で株立ちしたものが多い。やや陰ぎみの崖地に他の樹木に混じって生育している。葉は枝先に集まってつき、表面には毛が散生している。花は6月に咲き、花冠は白色で径約2cm。ほとんど平開に近い状態に咲く。花は葉陰につくことが多く、かつ、小さいので目立たない。花冠の内側には赤色の斑点があり、また、筒部の内面には白色の毛が密生している。5本の雄ずいのうち上側の2本は短く葯は不稔、下側の3本は長く大きく湾曲して伸びており、これにも白毛が密生している。筒部は長さ、径共に約5mm、下端は花弁状に5つに分かれている。

分布：北海道南部－九州
2003.6.29　英彦山

ホツツジ

Elliottia paniculata (Sieb. et Zucc.) Benth.et Hook.
ツツジ科

夏緑樹林帯の険しい岩場にごくまれな高さ1－2mの落葉低木。葉は楕円形で先は尖り、長さ2－5cm、幅1－3cm、ほとんど無柄で枝先に集まってつく。花期は8月、花は枝先に円錐花序としてつき、花序軸は紅色で短毛がある。花弁は3個、狭長楕円形で白色、先の方は赤味を帯び、反り返るか巻く。長くて太くやや湾曲した花柱が突き出ており、その基部に6本のおしべがある。

分布：北海道(南部)－九州
2004.8.25　英彦山

種子·植物――被子·植物 | 133

ベニドウダン

Enkianthus cernuus (Sieb. et Zucc.)
Makino f. rubens (Maxim.) Ohwi
ツツジ科

英彦山地の名花の1つ。稜線部や岩上に広く分布している。多くは高さ2mくらいの小低木であるが稜線のブナ林では幹の径が10cm以上，高さは4mを超えるものがある。花期は6月，花は枝先に総状花序として垂れる。花はふつう6－7mmの細長い柄をもち，先のつぼまった鐘状で長さ7mm,径6mmあまり。先端は不揃いに多数に裂けている。花は濃赤色から色の薄い更紗風のものまで個体によって異なる。シロドウダン f. cerruus は少ない。紅葉は真っ赤で実に見事である。

分布：本州(関東地方以西)・四国・九州
2005.6.1　英彦山
シロドウダン　2006.6.19　英彦山

ウスノキ

Vaccinium hirtum Thunb. var. pubescens (Koidz.) Yamazaki
ツツジ科

日当たりのよい岩地の岩の割れ目や岩上を好む小低木で時に群生する。高さは5－40cmで若い枝は軟毛が密生し緑色であるが、日を強く受ける側では赤味を帯びる。葉はふつう長さ1－2cmで縁に鉤状の細鋸歯がある。花はまるい鐘形で4月に開花し、果実はまるく5稜があり径5－7mm、先は大きくくぼんで7月に赤く熟す。英彦山には近似の種類で、葉柄と葉の裏面主脈上にはほとんど毛のないツクシウスノキ var. kiusianum があるとされている。また同じ環境にアクシバやナツハゼも生育している。

分布：北海道・本州・四国中北部
　　　・九州北部
花　　2005.5.23　英彦山
果実　2004.7.16　英彦山

ナツハゼ

Vaccinium Oldhamii Miq.
ツツジ科

望雲台の岩上のような環境を好む岩角地の植物で、ヒノキ、ミズナラ、ブナなどの樹木の下に1－2mの低木として生育している。葉は卵状披針形で長さ3－5cm、幅2－3cm。日当たりのよい所では葉先や縁が紅色を帯びる。花期は6月、今年枝の先に長さ3－4mmの総状花序をつける。花冠は紅色の鐘形で下向きに咲き長さ4－5cm、先端は5裂している。果実は球形で黒く熟す。

分布：北海道－九州
花　　2002.6.6　英彦山
果実　2008.11.1　岩石山

種子植物――被子植物 | 135

オカトラノオ

Lysimachia clethroides Dudy　サクラソウ科

原野や路傍などの比較的乾いた所に生えるごくふつうの多年草で、横に這う地下茎によって増え、時に小群落をつくる。地上茎は高さ60-100cm、円柱形で基部は赤い。花期は6-7月、茎頂に太くて長い総状花序をつける。花序は中間部で折れ曲がるので小花は上側に偏ってつく。小花の花冠は白色で深く5つに裂け径8-12mm。

分布：北海道－九州
2003.7.16　英彦山

オニコナスビ

Lysimachia tashiroi Makino　サクラソウ科

山地の川沿いに生える極めてまれな多年草。茎はつる状に地を這い、長さ10-50cm。薄い紫色で白色の長軟毛を密生する。葉は対生し広卵形で先はまるく全体に軟毛がある。下部の葉は長さ3.5cm、幅4.2cmにも達する。花期は6-7月。花は上部葉腋にふつう2-5個つき花柄は長さ13-15mm、裂片は5個で基部は鐘形をなし、内外共に赤褐色、先部は濃黄色で多少反り返る。花の径は15-18mm。萼裂片は線状披針形で長さ約10mm。

分布：九州(福岡県・佐賀県・大分県・熊本県)
カテゴリー：絶滅危惧ⅠB類(環境省)
2006.6.15　東峰村産植栽

リュウキュウマメガキ

Diospyros japonica Sieb. et Zucc.
カキノキ科
山地にまれな落葉高木で,みやこ町付近に散在している。幹は平滑で灰白色,皮目が明瞭である。葉は互生して長さ1-3cmの柄があり,葉身は広卵形ないし長楕円形で基部はまるく,裏面は粉っぽい緑白色。花は6月頃咲いて白色。雌雄異株で,果実は秋遅くに黄色に熟す。果実は径約1.5cmの球形で,非常に小さなものである。
分布：本州(関東地方以西)-九州・琉球
2001.11.4　帆柱山

アサガラ

Pterostyrax corymbosa Sieb. et Zucc.
エゴノキ科
夏緑樹林帯の山中にややまれな高さ10mくらいまでの落葉小高木。葉は広楕円形から倒卵状楕円形で長さ8-18cm,縁には細かい刺状の鋸歯がある。花序は新枝の先に複総状に垂れ下がってつき,長さ8-12cm,星状毛がある。花期は5-6月。花冠は白色,花軸上に1列に並び下向きに咲く。離生した長楕円形の5弁からなり長さ約1cm。麻殻で材質がもろく折れやすく,皮をむいたアサの木部のようだという意味。
分布：本州(近畿以西)-九州
1997.5.31　英彦山

オオバアサガラ
Pterostyrax hispida Sieb. et Zucc.
エゴノキ科

英彦山系では犬ヶ岳，帆柱山，経読岳など に多く生育している。おもに標高700m以 上の谷間に生える落葉小高木。枝は非常に 柔らかく折れやすいので，風の強い所では あまり高くなれない。花のつく枝の葉は3 －4個で長さは5－17㎝，長楕円形で基部 の葉が最も小さく，先に行くにつれて大き くなる。花期は6月中旬，円錐花序を下垂 する。花序の長さはふつう17－20㎝，10－ 12個程度の枝をつけ，それぞれに多数の花 が1列に並び下向きにつく。花弁は白色で 5個あり，長楕円形で全体に星状毛がある。
分布：本州・四国・九州(中北部と対馬)
1998.6.11　犬ヶ岳

エゴノキ
Styrax japonica Sieb et Zucc.
エゴノキ科

渓流沿いや谷間に多い落葉小高木 で山麓部から山頂まで広く生育し ている。幹は淡黒色でやや平滑。 花期は5－6月，枝先に1－5個 の花をつける。花は長さ2－3㎝ の長い柄に垂れ下がってつき，萼 は緑色で5裂したさかずき状，花 冠は白色で5深裂して径約2.5㎝， 時に枝下が真っ白になるくらい多 くの花をつける。果実は長さ約1 ㎝の卵形，種子にサポニンを含み 有毒。昔，生の果実をつぶして川 に流し魚を獲るのに使用した。
分布：北海道－琉球
2005.6.13　英彦山

タンナサワフタギ

Symplocos coreana (Lév.) Ohwi
ハイノキ科

照葉樹林帯上部から夏緑樹林帯にかけて生える落葉低木で高さは3－5m。本山地におけるブナ林の主要構成要素で常在度が非常に高い。葉の縁には鋭く尖るあらい鋸歯がある。花期は6月，花は白色で径6－7mm，円錐花序につき長さ4－10cm，花は白色で花冠は5深裂して平開，多数の雄蕊は長く花弁よりはみ出している。果実はゆがんだ球形で黒ずんだ藍色に熟す。

分布：本州・四国・九州
2005.6.1　英彦山

ハイノキ

Symplocos myrtacea Sieb. et Zucc.
ハイノキ科

山麓からブナ林まで広く分布しているふつう高さ5mくらいまでの常緑の小高木。幹や枝は黒褐色。葉は互生し，厚く濃緑で光沢があり，広披針形で長さ3－7cm，先端は尾状に尖り，縁には低い鋸歯がある。5月，総状花序に白い花を多数つける。花冠は5深裂して平開し径約8mm，花冠とほぼ同長のおしべが多数あり，芳香をもつ。茎葉の灰から灰汁をつくる。

分布：本州(近畿地方以西)－九州(屋久島まで)
2007.5.13　英彦山

種子植物 ── 被子植物　139

アオダモ（コバノトネリコ）

Fraxinus lanuginosa Koidz. f. serrata (Nakai) Murata　　モクセイ科

英彦山では北岳から南岳にかけての稜線部に生える雌雄異株の亜高木。葉は3－7個の小葉からなり，頂小葉には長さ8－12mmの柄がある。小葉は広披針形で長さ4－10cm，幅2－3.5cm，先はやや尾状に尖っており，縁には鋸歯が明瞭。また，小葉の基部では左右が不相称形になったものが多い。葉の表面は無毛，裏側では中肋や支脈に沿って毛がある。花期は4月下旬。翼果は倒披針形で長さ約2.5cm，幅4－5mm。

分布：北海道・本州・四国・九州
2008. 9. 8　英彦山

シオジ

Fraxinus platypoda Oliv.　　モクセイ科

英彦山の北岳の西斜面，標高850mから950mにかけての谷間にシオジのすぐれた林が広がる。高住神社から北岳に登る時，急な自然石の石段が続くが，この一帯がそうである。シオジは高さ25m，径1mを超えるものがあり，幹は真直に伸びている。シオジの葉は長さ25－35cmの羽状複葉で7ないし9個の小葉からなる。花期は4－5月であるが花冠はない。果実は扁平な翼果で房状に垂れ下がる。英彦山にはシオジに似たサワグルミもある。

分布：本州（関東地方以西）・四国・九州
2003. 6. 8　英彦山

ヤナギイボタ（ハナイボタ）

Ligustrum salicinum Nakai
モクセイ科
落葉性の小高木で幹の径は20cm以上，高さは6mに達するものがある。鷹巣原の草原の縁，宿の谷，犬ヶ岳などにあるが個体数はごく少ない。花期は6月中旬，花序は枝先につき，長さ10－20cmの大形の円錐花序となる。萼は淡緑色，花冠は白色で長さ約5mm，中間部から4裂して先はのちに反り返る。ハナイボタという別名があるように花期には樹冠が白い花で被われる。花には香気があり，多くの昆虫が飛来する。
分布：本州（近畿地方以西）・四国・九州
2003.6.29　英彦山

サイゴクイボタ

Ligustrum ibota Sieb. ex Sieb. et Zucc.
モクセイ科
英彦山ではおもにシオジ林の林床に生え，高さは1mくらいの小低木。葉は薄く落葉性で光沢がない。卵状披針形ないし卵状楕円形で先は鋭く尖る。表裏とも中肋上に毛があり，葉縁や枝にもまばらに毛がある。花序は小さく，1－数花で枝先につき，1－2cmの細い柄で下垂する。花期は6月，花冠は白色で長さ約7mm，筒部は裂片の長さの3－4倍，果実は径約7mmの球形で紫黒色に熟する。
分布：本州（兵庫県以西）－九州（中北部）
2005.6.13　英彦山

マルバアオダモ（ホソバアオダモ）

Fraxinus sieboldiana Blume　　モクセイ科
日当たりのよい岩場を好む落葉低木ないし高木。本山地には岩場が多いので広く分布している。葉は3－5（－7）小葉からなり，小葉は長楕円形で鋸歯はほとんど目立たず先は尖る。裏面中肋には白毛がある。花期は4月下旬で白い小さな花を円錐花序に密につけるので木全体が白く見えることがある。雌雄異株で花には長さ6－7mmの線形の花弁が4個ある。写真は雄株で，小さな黒点はすでに終わった葯である。花には微香がある。
分布：北海道－九州
2008.4.30　英彦山

フデリンドウ

Gentiana zollingeri Fawcett　　リンドウ科
日当たりのよい照葉樹林帯の林下やネザサ草原などに多い越年草であるが英彦山では標高800m付近まで少数生育している。高さは5−10cm、上部の茎葉は大きく裏面は赤紫色を帯びることが多い。花期は4−5月。花は茎頂に1−5個つき青紫色。日を受けて咲くので天気の悪い日には見過ごしてしまう。体の大きさに対して花は大きく美しい。
分布：北海道−九州
2003.5.2　英彦山

アケボノソウ

Swertia bimaculata (Sieb. et Zucc.) Hook. et Thoms.　　リンドウ科
山地の湿った所に生える一年草または越年草で山道によく出現する。大形で長楕円形の根出葉があり、平行した数脈がある。しかし花期には枯れてなくなる。茎は高さ50−70cm、花は9−11月、茎の上部で分枝して花序がつく。花冠は黄白色で4−5裂し、裂片は広倒披針形で長さ約1cm、中央より上方に円形で黄緑色の蜜腺溝が2個あり、さらにその上部に濃緑色の斑点がある。
分布：北海道−九州
2002.10.7　英彦山

ツルリンドウ

Tripterospermum japonicum (Sieb. et Zucc.) Maxim.　　リンドウ科
明るい林内に生え、茎は細く紫色でものにからまって伸び長さ40−60cm。葉は対生し三角状披針形で3脈がはっきりしている。花期は8−9月、花は葉腋に1個つき淡紫紅色、長さ約3cmの鐘形で花冠は5裂し、各裂片の間には小さな副裂片がつく。果実は晩秋にきれいな赤紫色に熟す。果実は長さ約10mmの楕円形で長い柄があり、残存する花冠の先に突き出た形になる。
分布：北海道−九州
2001.12.9　英彦山

ツクシガシワ
Cynanchum grandifolium Hemsl.　ガガイモ科

英彦山の中津宮付近や犬ヶ岳のうぐいす谷最上部などの樹下に生える多年生草本。茎の地上15－20cmの所に卵円形から楕円形をした長さ15－30cmの大きな葉を数対つける。これらの大きな葉から上方の茎はつる状に伸びて50－80cm。これについた葉は小さい。細いつるの葉腋に花序がつく。花序には2－5cmの柄があり上方で散形に分枝して花がつく。花は暗紫色で径8－10mm。袋果は細い角形で長さ5－8cm。

分布：本州（中国地方）・四国・九州

2002.8.1　英彦山
白花　2007.7.26　犬ヶ岳

スズサイコ
Cynanchum paniculalum (Bunge) Kitag.　ガガイモ科

日当たりのよい山地草原にまれな多年草。近年は山焼や草刈りが行われずススキやネザサなどが繁茂しているので減少が著しい。細くてかたい茎は高さ30－60cm，葉は長披針形でほとんど無柄。花期は7－8月で花序は茎の先や上部の葉腋に集散花序につく。花は褐色で花冠は星形，早朝に咲いて日中は閉じる性質がある。袋果は細長い披針形で長さ5－8cmであるが，めったにつかない。

分布：北海道－九州

カテゴリー：絶滅危惧Ⅱ類（環境省）

2003.7.31　英彦山

クルマムグラ

Galium trifloriforme Komar. var. nipponicum (Makino) Nakai
アカネ科

上部夏緑樹林帯に生える多年草で根茎は這って，茎は立ち上がり，長さ20－40cm，4稜がある。葉はふつう6枚が輪生し，披針形で長さ1.5－3cm，先は鋭く尖り刺状になっている。5－6月茎の上部に集散花序をつくり，小さな白花をまばらにつける。よく似た種類にオククルマムグラがあるが，これは葉が長楕円形で幅が広く先がややまるい。

分布：北海道－九州
2008.7.21　英彦山

ミヤマムグラ

Galium paradoxum Maxim　　アカネ科

深山のシオジなどの林下にごくまれに生える多年草で，茎は直立して高さ10－20cm。葉身は長さ1－2cmの卵形または広卵形で長さ4－10mmの葉柄がある。葉はふつう4枚が輪生し，2枚ずつ大きさに違いがある。6－7月，茎の上部に花序を出し少数の花をまばらにつける。花冠は4裂し白色。英彦山地のヤエムグラ属にはほかにキクムグラ，ヤマムグラ，オオバノヤエムグラなどがある。

分布：北海道－九州
2004.6.12　英彦山

オククルマムグラ

Galium trifloriforme Komar. var. trifloriforme　アカネ科

深山の林下に生える多年草で英彦山のほか犬ヶ岳や古処山に分布している。茎は高さ20-30cm，4稜があり，下向きの毛がまばらに生えている。葉は6枚を基本数とし，茎の下部では小さいが上部で大きくなる。葉は長楕円形で幅が広く表面にやや光沢があり，ほとんど葉柄がない。花期は5-6月，茎の上部に集散花序をつけ，まばらに白色の小花をつける。花冠は4裂している。

分布：北海道-九州
1997.5.23　鷹ノ巣山

オオバノヤエムグラ

Galium pseudo-asprellum Makino　アカネ科

山地の開けた所に生える多年草。茎は4稜があって細くて長く伸び，かぎ状の逆刺で他物によりかかっている。葉は下部で各節に6個輪生し披針形で長さ1.5-2.5cm，上方では4個になり楕円形で小さい。花期は7-8月，茎の先や葉腋から多数の細長い花序を伸ばし黄緑花をまばらにつける。ヤエムグラに似ているが節につく葉の数が少ないことや葉の幅が広いことなどの違いがある。

分布：北海道-九州
1999.7.23　犬ヶ岳

ツルアリドウシ

Mitchella undulata Sieb. et Zucc.　アカネ科

山地のやや湿気のある木立の薄暗い環境に生える常緑の多年草。茎は枝分かれして地面を這い，まばらに対生の葉をつける。6－7月，枝先の短い花柄に2花をつける。花冠は白色で長さ10mm，先は4裂して開き漏斗形，内面に毛が多い。果実は2個の花の子房が合体したものであるために表面の2カ所に萼裂片の付着点があり赤熟する。植物体が小さいのでややもすれば見落としてしまう。

分布：北海道－九州
花　2008.7.10　英彦山
果実　1995.10.14　英彦山

オオキヌタソウ

Rubia chinensis Regel et Maack var. glabrescens (Nakai) Kitag.　アカネ科

上部山地林内にまれな多年草。茎には4稜があり多くは直立して高さ30－45cm。葉は4枚が輪生し，ふつう3－4節。葉は広披針形で柄があり長さ3.5－9cmで，先は尖っている。花期は5月中旬で茎の先に集散花序を1－2個つける。花冠は緑白色，5裂して平開する。液果は球形で黒色に熟す。

分布：北海道－九州
2003.10.4　英彦山

イナモリソウ

Pseudopyxis depressa Miq.　アカネ科

照葉樹林帯上部から夏緑樹林帯にかけての林下のやや開けた場所にまれに見られる多年草。横に這った根茎より立ち上がって高さは3-5cm。全体に曲がった短毛がある。葉は三角状卵形で上部の2枚が特に大きく、花のつく枝で長さ3-5cm。花期は5-6月、葉腋ごとに1個、または枝先に1-2個つき、紅紫色で美しい。花の径は約15mm、花冠は漏斗形で先は5-6に分かれている。

分布：本州（関東南部以西）-九州

2002.6.6　帆柱山

ヤマルリソウ
Omphalodes japonica (Thunb.) Maxim.
ムラサキ科
比較的開けた道端などに生える多年草。根出葉はロゼット状に広がり長さ10－15cm，茎も放射状に出て，はじめ地面を這い，先の方は斜上する。茎葉はその基部で茎を抱き，先端に向かうにつれて小さくなる。花は早春の3月中旬から4月上旬に咲き，径約1cm，淡青色から白色に近いものまである。
分布：本州（福島県以南）－九州
1994.4.29　英彦山

オオルリソウ
Cynoglossum zeylanicum (Vahl) Thunb.　ムラサキ科
林道沿いなどの木陰に生える越年草で高さ30－70cm。茎・葉共に毛が多くざらざらしている。葉は両端が尖り下部で長さ10－20cm。花期は7－8月上旬で，花序は大株ではほぼ水平に伸びて長さ10－25cm。花冠は径約4mmで青紫色。花柄はごく短い。果実には全面にかぎ状の刺があって衣服につくことがある。
分布：本州－琉球
2004.8.9　犬ヶ岳

ミズタビラコ
Trigonotis brevipes (Maxim.) Maxim.
ムラサキ科
山中の流れの端や山際の湿地などに生える多年草で時に群生する。茎は下部で少し横に這い，上部は直立する。ふつう高さは10－25cm。葉は楕円形で茎の下部では有柄，上部は無柄。茎・葉共に柔らかい。花期は5－6月，花は小さく淡青紫色，穂状に多数つき，下部から順に咲き上がる。花穂の上方は大きく湾曲しているが，開花が進むにつれて真っ直ぐに伸びる。
分布：本州－九州
2001.5.21　英彦山

カリガネソウ

Caryopteris divaricata (Sieb. et Zucc.) Maxim. 　クマツヅラ科

英彦山地では夏緑樹林帯上部に見られ，産地のごく限られた植物である。茎は四角形で高さ1mに達する。花期は8-9月で，花は上部の葉腋にまばらに集散花序につく。花冠は青紫色で長さ8-10mmの筒部があり，先は5裂してその下側の裂片の1つは大きくなり反り返る。雄ずいは4本あり，雌ずいと共に花の上方に大きく突き出し，その先端部は花の前方に向かって湾曲する。

分布：北海道－九州
2001.9.16　犬ヶ岳

アワゴケ

Callitriche japonica Engelm.
アワゴケ科

樹陰の湿気のある所を好む非常に小さな一年草で，英彦山や求菩提山の坊跡などで落葉や雑草の少ない地面に這って広がり，チョウチンゴケなどと共に生える。地面を這う茎は長さ1-4cm，基部で分枝して四方に広がる。葉は対生し大きなもので葉柄と共に長さ4.5mm，幅3mm，3本の不明瞭な脈がある。5-6月各葉腋に1花がつき，雄花と雌花がある。果実は黒色で径約1mm，4個に分かれている。和名は葉が小さく地面を這うことによる。

分布：本州（栃木県以西）－琉球
2008.7.5　求菩提山

キランソウ

Ajuga decumbens Thunb.
シソ科
山麓から山地にかけての路傍や林下などにごくふつうの多年草。へら形で縁に大きな鋸歯のあるロゼット葉があり，そこから茎が出て四方に這うが，節から根は出ない。花期は3－5月，葉腋に花をつける。花は淡い赤紫色－濃紫色で上層は短くて2裂，下唇は大きくて3裂し，その中央の裂片はさらに浅く2裂している。

分布：本州－九州
2003.4.28　犬ヶ岳

ニシキゴロモ

Ajuga yezoensis Maxim.　シソ科
上部山地の明るい木陰に生える小さな多年草。群生することなく散らばって生育する。葉は地面に接して広がり，地中に長さ2－3cmの茎が埋もれていることが多い。葉は長楕円形で長さ2－6cm，幅1－3cm，脈に沿って紫色になり，表面は多毛でビロード状，裏面は紫色を帯びる。花期は5月で花は葉腋につき淡紅白色。花冠は長さ11－13mm，筒部は細く，上唇は2裂して小さく，下唇は3深裂して大きい。

分布：北海道・本州・九州の主として日本海側
2007.5.13　英彦山

ヤマトウバナ

Clinopodium multicaule (Maxim.) O. Kuntze　シソ科

おもに夏緑樹林帯の木陰・岩陰に生える高さ10−20cmの小さな多年草。葉は長卵形で花序の下の2個が大きく，あらい鋸歯がある。英彦山では6月中旬頃に山頂部で開花しはじめ，徐々に山を下りていく傾向がある。花穂は短く，茎頂に1個つき，花は白色で小さく目立たない。萼には短毛がある。

分布：本州（中部地方以西）−九州
2003.6.29　英彦山

ナギナタコウジュ

Elsholtzia ciliata (Thunb.) Hylander
シソ科

山地の日の差す道端などに生える。高さは30−60cm，茎は四角形でよく分枝し，白色で下向きの縮れ毛が密生している。花期は9−11月，花穂はなぎなた状に反り，花は1方向に偏ってつく。偏円形の大形の苞が並び，その外側に淡紅紫色で外面に毛の沢山ついた花冠が並ぶ。花冠からはおしべが少し突き出ている。

分布：北海道−九州
1992.10.11　英彦山

オウギカズラ

Ajuga japonica Miq.　シソ科

上部落葉林の林床の開けた所に生える多年草で，花をつける茎は高さ10cmあまり。花の終わりの頃から地面を這う走出枝を出す。葉は対生し，長さ2−4cmの五角状心形で葉身と同じくらいの柄がある。花期は5−6月，花は上部の葉腋にまばらにつき長さ約2.5cm，淡紫色で，細い筒の先は上下に分かれ，上唇は2つに浅く，下唇は3つに深く裂け，中央裂片はさらに2つに分かれる。

分布：本州−九州
1994.5.22　英彦山

種子植物 ── 被子植物

ツクシタツナミソウ

Scutellaria laeteviolacea Koiz. var. discolor (Hara) Hara　シソ科

照葉樹林帯から夏緑樹林帯まで広く分布している。英彦山では表参道に多い。茎は高さ10－25cm，4つの稜上には上向きの毛がある。葉は三角状卵円形で縁にはあらい鋸歯がある。葉の裏側は薄い紫色である。花期は5－6月，花序は長さ3－8cm，花は青紫色で基部はほぼ直角に曲がり長さ約27mm。円形の萼は果時まで残り径約5mmに達する。母種のシソバタツナミは県内にはない。

分布：本州西部・九州
2004.6.12　英彦山

ヤマタツナミソウ

Scutellaria pekinensis Maxim. var. transitra (Makino) Hara　シソ科

山地の木陰に生える多年草。写真はシカの食害を度々受けたために矮性化したと見られるもので葉はロゼット状についている。花期は通常5－6月となっているが7－8月にずれた。茎の高さは約5cmで葉腋から複数の花茎を出した。茎は四角で上向きの毛が多数あり、また、葉の両面や葉柄などにもあらい毛が多い。花はまばらに斜上してつき、上唇に対して下唇が大きく発達しており小赤斑がある。

分布：北海道－九州
2009.7.23　英彦山

ミヤマナミキ

Scutellaria shikokiana Makino　　シソ科
山地の木陰に極めてまれな多年草。茎は高さ10－15cm。開出する腺毛が茎の上部ほど多い。葉は広卵状三角形で数個の深い鋸歯があり表面に毛がある。花期は7－8月。花序は長さ7－8cm。上部葉腋から出る花序は短い。上唇の外部は淡紅色で腺毛が多い。下唇の内面には大きめの赤紫色のまるい斑点が十数個散在する。萼にも開出毛がある。
分布：本州（関東地方以西）－九州
2006.8.9　英彦山

ツルニガクサ

Teucrium viscidum Blume var. miquelianum (Maxim.) Hara　　シソ科
シオジ林などの木陰に生える多年草。茎は細く直立して高さ15－25cm，地下に細長い走出枝をもつ。葉は薄く広披針形で葉身は長さ3－5cm，縁には重鋸歯がある。花期は7－8月，茎の上方に花序がつき，花は明るい淡紅色。上唇や下唇の側片は非常に小さいので花冠は1唇形に見える。山の半日陰にはこれより大形のニガクサ T. japonicum もある。
分布：日本全土
2002.8.1　英彦山

アオホオズキ

Physaliastrum savatieri (Makino) Makino　ナス科

夏緑樹林帯のやや湿り気のある林下や林縁にごくまれに生育する多年草。短い根茎がある。茎は柔らかく，まばらに枝分かれして高さ30－40cm。葉は柔らかく長楕円形で長さ6－12cm，短い柄がある。7－8月，葉腋に1－2花を下垂する。花柄は細く長く約2cm，花冠は淡緑白色の広鐘形。萼は果期に液果を包み込んで先の開いたつぼ形になり，緑色で長さ1－2cm。茎や葉の姿はイガホオズキやヤマホオズキに似ている。

分布：本州(群馬県以南)・四国
　　　(愛媛県・高知県)・九州
カテゴリー：情報不足(環境省)
花　　2005. 6. 8
果実　2005. 6. 28　英彦山

ハシリドコロ

Scopolia japonica Maxim.
ナス科

やや多湿の谷間の樹陰に生える多年草で太い根茎がある。3月下旬に一般の植物より早く茎を伸ばし花をつける。茎葉は柔らかく食べられそうに見えるが，体全体に猛毒のスコポリンを含んでおり注意を要する。和名は誤って食べると幻覚症状を起こして走り回ることによる。花は葉腋につくが花をつける個体は限られている。花冠は長い筒状の鐘形でナスの果実の色をしている。伐採跡地などの日のよく当たる所ではたまに果実がつくがふつうはつかない。

分布：本州－九州
1996. 5. 3　英彦山

スズムシバナ

Strobilanthes oliganthus
Miq.　キツネノマゴ科

照葉樹林帯上部の林下に生育する多年草。茎は高さ30－50cm，分枝してよく茂る。茎は四角，葉は広卵形で長さ4－6cm，先は尖っており縁には三角状の鋸歯がある。花期は10月，枝先に数個集まってつく。苞は長さ約1cmの葉状で白毛が生える。花冠は淡紫色の唇形で長さ3－3.5cm，先端部はほぼ同形に5つに分かれ，また裂片は中央部でさらに浅く2つに分かれている。花冠の脈上には長毛がある。

分布：本州（近畿以西）－九州

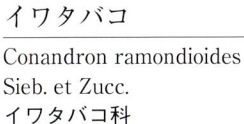

2001.8.23　英彦山

イワタバコ

Conandron ramondioides
Sieb. et Zucc.
イワタバコ科

日陰の湿気の多い岩壁などに生える多年草で1株に1－2個の葉をもつ。葉は環境がよければ長さ40cmを超えるが望雲台の内壁などでは長さ10－20cm。葉の表面に光沢があり，縁には小さな鋸歯がある。8月上－中旬に1本の長さ5－10cmの花茎を出し数個の花をつける。花冠は径10－15mm，紫紅色で5裂し星形の可愛らしい花である。

分布：本州（福島県以南）－九州

2006.8.9　英彦山

シコクママコナ

Melampyrum laxum Miq. var. laxum
ゴマノハグサ科

岩場にあるアカマツ，天然ヒノキ，ツガなどの高木の下に生育することの多い半寄生の植物で，本山地には沢山ある。茎は下部で分枝し高さ20−30cm，葉は対生し長卵形で全縁，先は尖る。日当たりのよい所では葉は帯赤紫色。措葉にすると黒味を帯びる。花期は8−9月，枝の上部に総状の花序をつける。包葉は卵形ですべてではないが下部に刺状の鋸歯を少しつけるのが特徴である。花は長さ約18mm，紅紫色で上唇の先端に向けて濃色となる。

分布：本州（東海地方−中国地方東部）・四国・九州
1997.8.20　英彦山

ヤマウツボ

Lathraea japonica Miq.
ゴマノハグサ科

ブナ科，カバノキ科，ヤナギ科などの樹木の根に寄生する無葉緑の植物で，標高750−850mにまれに見られる。茎の高さは大きいもので約40cm，そのうち地上部は25cmくらい，淡い肌色。花茎の基部では鱗片葉が重なっているが上方では離生し，地上部では肥厚して瘤状になる。花期は4月下旬−5月上旬，萼は鐘形で先は4つに分かれ，花冠は汚紫色で先は唇形となり，上唇は左右にたたまれてかぶと状，下唇は3裂して上唇を外から包んでいる

分布：本州（関東地方以西）−九州
2007.4.27　英彦山

ミゾホオズキ

Mimulus nepalensis Benth. var. japonicus Miq.　ゴマノハグサ科

山中の水湿地にまれに生える多年草で高さ10-20cm。茎は柔らかく分枝して広がる。葉はやや厚く濃緑色で縁にあらい鋸歯がある。花は6-7月上部の葉腋に1個つく。長い柄があり、萼は先が5個に分かれ、花冠は長さ10-15mm、黄色で5裂し開いている。名は果実がホオズキに似ているため。

分布：北海道－九州
2001.6.5　英彦山

ヒナノウスツボ

Scrophularia duplicato-serrata (Miq.) Makino　ゴマノハグサ科

シオジ林のような落葉林に生える多年草で茎は高さ30-100cm、弱い4稜がある。花は7月下旬から8月、茎の先に円錐花序をつけるが花はまばらである。花柄は細長く腺毛が散生している。花冠は長さ6-8mmで暗赤紫色、ふくらんだつぼ形で先の方は5つに深く裂けて唇形となる。萼は5裂し裂片は卵形。茎の高さの割には花は小さく目立たない。

分布：本州（関東以西）・四国・九州
2003.7.16　英彦山

コツクバネウツギ

Abelia serrata Sieb. et Zucc.　スイカズラ科

山地の日当たりのよい場所, 特に英彦山の表参道や南参道の標高1000m以上には沢山あり, また岩場にも多い。5月中旬から約1カ月間順次開花する。1つの花柄の先に2－5個の花がつく。花冠は黄色で長さ10－20mmの筒形, 先端部は2唇形, 喉部の内側には橙色のはっきりした網目模様がある。花が落ちてからも2個の萼片はそのまま果実の先端として残る。

分布：本州(中部以南)・四国・九州

2005. 6. 1　英彦山

ヤマヒョウタンボク

Lonicera mochidzukiana Makino
var.nomurana (Makino) Nakai
スイカズラ科

山地に極めてまれな落葉低木。樹高170cmあまりで枝には4稜があり，古い枝は灰色，今年枝は赤褐色。ふつう側枝は2対，主枝は3対の葉を対生する。葉は1－6cmの長楕円形で葉柄は茎と同様赤褐色。花期は5月上旬－中旬で，花柄は葉柄基部から出て長さ7－8mm，頂に2個の花をつける。花冠は白色で2唇形，上唇は幅広で先端は4個に分かれており，下唇は狭く，共に長さ約8mm。両者は反り返り巻き込んだ形になる。おしべは5個で，花糸，花柱とも細長く，突き出て長さ5－6mm。7月頃，小さなひょうたん形の液果が赤熟する。

分布：本州（東海地方以西）・四国・九州
2004.5.2 経読岳

ミヤマウグイスカグラ

Lonicera gracilipes Miq. var. glandulosa Maxim. スイカズラ科

県内のウグイスカグラはすべて本種である。全体に毛が多く，特に若枝，葉柄，花柄などに目立つ。高さ1－2mで林内に広く見られ，葉は披針形－広披針形，花期は4－5月で花は細い花柄で垂れる。花冠は濃紅色で細い筒部があり，その先は5裂して平開する。液果は広楕円形で長さ7－10mm，赤熟して水分が多くて甘く食べられる。山麓部に多い。

分布：本州（東北・北陸・山陰）－九州
花 2003.4.17
果実 2005.5.26 英彦山

種子植物──被子植物 | 161

オオカメノキ（ムシカリ）

Viburnum furcatum Blume ex Maxim.
スイカズラ科

ブナ林やシオジ林などの落葉林内に広く生育している低木ないし小高木である。葉身は長さ10－15cmの円心形で亀の甲の形に似ているところからこの名がある。花期は4月下旬から5月上旬で、葉が十分開く前に咲く。花は散房花序につき外側に純白の無性花を並べてつける。無性花は大きく径約3cm、5つに分かれている。花序の内部は径6－8mmの小さな正常花からなる。

分布：北海道－九州
2002.4.28　英彦山

コバノガマズミ

Viburnum erosum Thunb. var. punctatum Franch. et Savat.　スイカズラ科

高さ1－3mの落葉低木で照葉樹林帯から夏緑樹林帯まで広く分布している。葉は倒卵形から長楕円状披針形で基部は円形、先端は尖っており、表裏とも毛がある。花期は4－5月。花は散房花序につき白色で、花序軸にも毛が多い。ブナ帯にはよく似たミヤマガマズミがある。それは本種よりも葉の鋸歯が明瞭で先が鋭く尖り無毛である。

分布：本州－九州
2006.5.11　英彦山

コヤブデマリ

Viburnum plicatum Thunb.
var. parvifolium Miq.
スイカズラ科

おもに落葉林内に生育する低木。葉身は長さ1.5-7.5cmで大きさや形に変化が大きい。若い葉の葉柄や裏面の脈上，若い枝や花序などに星状毛が多い。花期は5月中下旬。花序は長さ2.5-3cmの細い側枝に平頂し径約7cm，周囲に数個の不稔の花をつける。不稔の花の径は約2.7cm，不同に5裂していて，その中の1片は極めて小さい。

分布：本州(静岡県以西の南西部)・四国・九州
2004.5.2　英彦山

オトコヨウゾメ

Viburnum phlebotrichum
Sieb. et Zucc.
スイカズラ科

高さ2mくらいまでの落葉低木で，標高900m以上の尾根筋や登山道沿いなどの日当たりのよい所を好む。葉は長楕円形でやや大きな鋸歯があり，葉脈は裏側に隆起している。この植物は措葉にすると黒変する特徴がある。花序の下部の柄は1-2回散形に分枝し，全体は赤色を帯びる。花冠は白色かやや赤く，径6-9mm，5裂していて碗形に開く。核果は長さ8mmくらいの楕円形で赤熟する。

分布：本州・四国・九州
花　1997.5.22　英彦山
果実　1988.10.9　犬ヶ岳

ゴマギ

Viburnum sieboldii Miq.
スイカズラ科

山地のやや湿気のある所に生える落葉中高木ないし高木で樹冠はまるい。葉は長楕円形－倒卵形で長さ10－15cm，幅5－9cmと大きい。葉をもむとゴマのにおいがするのでこの名がある。花期は5－6月で小さな花が多数集まって散房花序につき白色。果実ははじめ赤色，のちに黒くなる。

分布：本州(関東地方以西の太平洋側)－九州
2001.6.5　英彦山

ヤマシグレ

Viburnum urceolatum Sieb. et Zucc.
スイカズラ科

おもにブナの樹下に生える高さ50－100cmの落葉小低木。葉は枝の先の方に集まってつき，比較的大きく長さ5－10cm，縁には小さな鋸歯がある。花期は6－7月，小さな花が多数集まった散房花序として今年枝の先につき，小さな花冠はつぼ形か筒形で鮮やかな赤色から暗赤色まで，深い木立の中にあって目立つ。果実は赤色，のちに黒くなる。

分布：本州(福島県以南)・四国・九州(屋久島まで)
花　　2003.6.29
果実　2004.9.13　英彦山

ミヤマガマズミ

Viburnum wrightii Miq.
スイカズラ科

高さ3mくらいまでの落葉低木。英彦山では標高800-900mにあるが数は少ない。今年枝は節の基部で緑色，上部は赤褐色。葉は倒卵形や広倒卵形で三角形の鋸歯があり，先端は尾状に長く伸びる。表面はへこんだ脈上に絹毛があるほかは無毛，裏面は突出した脈上に毛があり，また，基部にはふつう1-2対の腺点がある。花期は5月上・中旬，花冠は白色で径5-7mm，5裂してほとんど平開する。花序軸には毛がある。
分布：北海道-九州
2006.5.11　英彦山

ツクシヤブウツギ

Weigela japonica Thunb.　スイカズラ科
英彦山では標高600m付近から山頂部まで広く分布している。明るい林縁部や道沿いの場所を好み，自然状態のよい林内にはほとんど生育しない。高さ3mくらいの落葉低木。花期は6月，枝先や葉腋に1-3花をつける。花は筒形で長さ3-4cm，はじめは淡黄白色であるが，日が経つと共に紅色に，さらに赤色へと変化していく。すべての花が一斉に咲くことなく少しずつずれるので，色々な段階の色が混ざって美しい。犬ヶ岳には白花もある。
分布：九州
2007.5.24　英彦山

種子植物 —— 被子植物 | 165

ソバナ

Adenophora remotiflora (Sieb. et Zucc.) Miq.　キキョウ科

温帯から亜寒帯にかけて生育している多年草。本山地では湿気の多い岩棚や岩の割れ目に生育しているが個体数はごく少ない。茎は長さ50−100cm、斜上または下垂している。花期は8月、花は茎頂の円錐花序につき垂れ下がる。花は淡い青紫色で漏斗状の鐘形、長さ20−25mm、裂片は少し反り返る。花柱は短く、草原に咲くサイヨウシャジン A.triphylla var. triphylla のように外に長く突き出ることはない。

分布：本州−九州
2004. 8. 25　英彦山

ツクシタニギキョウ

Peracarpa carnosa (Wall.) Hook. fil. et Thomson var. pumila Hara
キキョウ科

樹木で遮られた薄暗い場所に生える小さな弱々しい多年草でタニギキョウ var.circaeoides より標高の高い所に生育し体はやや小さい。地下茎は分枝して横に這い、上部の4−5cmは立ち上がる。下部にふつう1−2個の小さな葉を互生し、上端付近に卵円形の長さ1cmあまりの大きめの葉を2−3個つける。縁には丸味のある浅い鋸歯が少数ある。花期は5月、花は2−3.5cmの細くて長い花柄の上に1花つき、白色で5深裂し、裂片には茶色の条がある。

分布：九州
2006. 5. 11　英彦山

ブゼンノギク

Heteropappus hispidus (Thunb.) Less. subsp. koidzumianus (Kitam.) Kitam.　　キク科

山地の日当たりのよい岩上に生育するごくまれな多年草。ヤマジノギクの亜種で茎は高さ30－60cm，比較的細く，下部からよく分枝して伸びる。茎や葉には毛はなく，下部の葉は花の時期には枯れている。中間の葉はさじ状線形で長さ5－7cm，鈍頭で基部に向かって狭くなり柄はなく全縁。上部の葉はほとんど線形，長さ2cm，幅2mm。花期は10月，茎の先でわずかに分枝して頭花を1個ずつつけ径約3.5cm。舌状花は比較的まばらで淡い青紫色。
分布：九州（福岡県・佐賀県・大分県）
カテゴリー：絶滅危惧Ⅱ類（環境省）
1998.10.22　築上町

モミジハグマ

Ainsliaea acerifolia Sch. Bip. var. acerifolia　　キク科

深山の谷川沿いや小さな流れの水辺などに生育する多年草でオクモミジハグマの変種。茎の高さは30－60cm，葉は茎の中部に集まって4－7枚つく。葉柄は7－8cmと長く，葉身はほぼ円形，縁は掌状に深く裂け，長さ10－13cm，幅10－18cm。表面は緑色，裏面緑白色，花期は9月，頭花は筒形で長さ9－12mm茎の上部にまばらにつき，開花時には横向きかやや下向きになる。総苞にはほとんど柄はなく花茎に直接ついた形になっている。小花は3個で，花冠は白色，4－5裂して後方に反る。
分布：本州（関西以西）－九州
2006.9.22　英彦山

モミジガサ

Cacalia delphiniifolia Sieb. et Zucc.　キク科

照葉樹林帯上部から夏緑樹林帯まで木陰に広く分布し，横に伸びる地下茎で増えるので群生していることが多い。茎は高さ50-80cmで，モミジ状に裂け，表面に光沢のある葉をつける。花期は8-9月，小さな頭花が円錐状に多数つき，総苞は淡緑白色。若葉は食べられる。

分布：北海道-九州
1998.8.29　英彦山

オオモミジガサ

Miricacalia makineana (Yatabe) Kitam.
キク科

深山の林床に生える葉のやや大きな多年草で，川沿いや多湿の谷間などに生育する。花をつける株の葉はふつう3枚で最下の葉が最も大きく掌状に9-12裂していて幅，長さ共に25-35cm，下部は鞘となって茎を抱いている。花茎は長さ40-60cm。花期は8月。長さ約15cmの頭花が下向きにつく。花はすべてが筒状花であるため目立たない。頭花の数はふつう5-10個，体全体に多細胞の褐色の毛があり，葉面もざらざらしている。我が国特産種。

分布：本州(福島県以南)-九州
1997.7.23　犬ヶ岳

テバコモミジガサ

Cacalia tebakoensis (Makino) Makino
キク科
夏緑樹林帯の谷間や小石の多い斜面に生える多年草で本県では英彦山系と釈迦ヶ岳山系に分布している。細い地下茎を伸ばして増え群生する。体はモミジガサ C. delphiniifolia より小さい。茎は細くてかたく高さ20-50cm。葉はモミジ状に5-7裂し，モミジガサに比べて薄く表面に光沢がない。総包は筒状で花冠は長さ約7mmで緑白色。襲速紀要素の植物で分布上貴重な種類である。

分布：本州(関東-近畿地方の太平洋側)・四国・九州
2006.7.12 英彦山

ニシノヤマタイミンガサ

Cacalia yatabei Matsum. et Koidz. var. occidentalis F. Maek. ex Kitam. キク科
深山のやや湿った樹下に生える多年草。葉はふつう3枚，長さ30cmあまりの葉柄につき径30-40cmのほぼ円形，掌状に深い切れ込みをもつ。葉は薄く表面は緑色で毛がないが裏面は淡緑色で葉脈に沿って毛がある。茎につく葉は段階的に小さくなる。8月上旬，50-90cmの茎を伸ばし小さな頭花を円錐花序につける。総苞は長さ6-10mm，中に2-4個の小花がある。花の筒から雌蕊が約5mm突き出て，先端は2つに分かれている。

分布：本州(岐阜県以西)-九州
1997.7.23 犬ヶ岳

ヒメアザミ（ヒメヤマアザミ）

Cirsium buergeri Miq.　キク科
山地の草地，林下などに広く生育している高さ1－1.5mの比較的やさしいアザミ。葉は長楕円形で羽状浅－中裂し基部は茎を抱く。花期は8－10月，頭花は小さく多数がやや穂状につき点頭しない。総苞は筒状でくも毛があり少し粘る。頭花は長さ16－18 mmで狭頭部は7－8 mm。
分布：本州（近畿地方以西）－九州
2006.10.15　英彦山

ヤナギアザミ

Cirsium lineare (Thunb.) Sch. Bip.
キク科
山地の草地にややまれな多年草。茎は直立して高さ70－120cm，上方で分枝する。葉は線形で縁にぎざぎざがあるが刺はなく手に刺さることはない。時に葉の裏側が白毛で被われたものがあり，ウラユキヤナギアザミ var. discolor Nakai と呼ぶ。頭花は少数で枝の先にふつう単生し上向きに咲く。
分布：本州（山口県）・四国・九州
1994.10.10　英彦山

ヤマアザミ（ツクシヤマアザミ）

Cirsium spicatum (Maxim.) Matsum.　キク科

英彦山では鷹巣原高原のスキー場にあるが近年非常に少なくなった。高さは1.5－2m，あまり枝を出さず，出しても長さ15cmくらいで，全体棒立ちとなる。葉は羽状に中－深裂して鋭い刺針がある。花時には根出葉はない。花期は9月，茎の上部に穂状に多数つく。頭花は比較的小さく総苞の幅は約8mm，花冠は長さ約18mm。総苞片にも太い刺針があり下向きに反り返る。

分布：四国西部・九州の標高の高い所
2005.10.13　英彦山

ツクシアザミ

Cirsium suffultum (Maxim.) Matsum.
キク科

英彦山では標高700mくらいから1000m付近まで林縁部や山の開けた場所に比較的多く生育する。高さは40－80cm，下部の葉は大きく羽状で深い切れ込みと鋭い刺針がある。また葉脈に沿って白斑がある。花期は9－11月，茎は斜上したものが多く，枝分かれした先に頭花が1個ずつつく。総苞は鐘形で長さ2cm，幅2－3.5cmと大きくやや下向きにつく。総苞片にはくも毛があり先はするどく尖り多くは湾曲している。総苞の基部には1－4個の苞葉がある。四国西部と九州のみに分布する襲速紀要素の植物。

分布：四国(西部)・九州
2000.9.10　英彦山

ヒメガンクビソウ

Carpesium rosulatum Miq　　キク科

英彦山にはガンクビソウ属としてヤブタバコ，コヤブタバコ，ガンクビソウ，サジガンクビソウ，ヒメガンクビソウがあるが，ヒメガンクビソウはややまれな種類である。上部常緑林やモミ・ツガ林などの林縁部にあり体は小さい。根出葉はさじ形でロゼット状，細い茎が立ち，高さ20－30cm，まばらに細長い小さな葉があり枝を出して先端に頭花を1つつける。花期は8－10月。総苞は長さ6.5mm，径5mm。総苞外片は反り返る。

分布：本州(関東地方以西)－九州
2008.8.31　英彦山

クサヤツデ

Diaspananthus uniflorus (Sch. Bip.) Kitam.
キク科

夏緑樹林内に生える多年草で県内数カ所に生育地があるが英彦山ではシカの食害により絶滅寸前の状態である。地下茎が横に這い，前年の茎の基部が節となって残りそれが連なった形になっている。葉は6－7個が根生，長い柄があり葉身はほぼ円形で大きく掌状に切れ込んでいる。茎は40－70cm，細く上方で分枝して円錐花序をなす。花期は9－10月，頭花は下向きにつき小花は1個のみ，花冠は5裂して黒紫色。日本固有種。襲速紀要素の1種。

分布：本州(神奈川県以西－近畿地方の太平洋側)－九州
1993.9.26　英彦山

ヒヨドリバナ

Eupatorium chinense L.　　キク科

山野にふつうに見られる多年草。葉身は長楕円形でふつう分裂せず縁には鋸歯がある。本種には標高の高い山中にあって，ふつう高さ30-60cmで茎はほとんど枝分かれしない，染色体数の二倍体のものと低山地の林縁や草地にあって枝分かれして高さ2mにも達する大形の倍数体のものがある。二倍体は両性生殖で，倍数体は単為生殖で増える。写真は二倍体のものである。花期は8-10月。よく似た種類に葉の深く切れ込んだキクバヒヨドリ，倍数体にサケバヒヨドリがある。

分布：北海道－九州
2005.9.25　英彦山

キクバヒヨドリ

Eupatorium laciniatum Kitam. var. dissectum (Makino) Kitam.　　キク科

山地の林下や林縁に生える多年草。ふつう高さ20-40cm。本種は二倍体のヒヨドリバナの葉の深く切れ込んだもので，二倍体と同様の環境に生育している。二倍体は両性生殖で増えるため倍数体に比べて繁殖力に劣る。

分布：本州（近畿以西）－九州
2003.7.31　英彦山

ミヤマヨメナ

Miyamayomena savatieri (Makino) Kitam.
キク科

ブナ帯下部の木陰に生える多年草。茎は高さ20-40cm，葉身は長楕円形で縁には大きな鋸歯がある。花は5月に咲き1茎1花，淡青紫色で径3.5-4cm。花がほとんど同じ高さに咲き揃った様は見事で，野生のものとは思えないくらいである。本種の園芸品にミヤコワスレがあって，花色に紅紫色，濃紫色などがあり古くから栽培されている。

分布：本州－九州
2003.4.28　英彦山

種子植物――被子植物 | 173

メタカラコウ

Ligularia stenocephala (Maxim.) Matsum. et Koidz.　キク科

夏緑樹林帯のやや湿気のある木陰にまれな多年草。根出葉には20－40㎝の長い柄があり、葉身は三角状心形で明瞭な歯牙があり長さ10－15㎝。花期は9月。花茎は細いが丈夫、径約5㎜、高さ50－90㎝、茎葉はふつう3個あるが、上ほど小さい。多数の筒形の頭花が総状花序につき下方から順に開花する。舌状花は少数で1－3個、黄色で多少反り返る。花柱は黄色で長く突き出て先は大きく2つに分かれて反り返る。
分布：本州－九州
2005.8.18　犬ヶ岳

オタカラコウ

Ligularia fischerii (Ledeb.) Turcz.　キク科

非常に適応力の強い植物でシベリア東部、中国、ヒマラヤなど、また垂直分布でも暖温帯上部から高山帯まで分布している。湿地を好み、英彦山では山間部の水田跡地や坊跡など、また間伐の行われたスギ林などに大群落ができている。葉はフキに似て大きく径40㎝に達し長い葉柄はかたい。茎は高さ1.5m、花序も長さ50㎝になる大きな草本である。花期は10－11月、頭花は沢山ついて下から順に開花する。1つの頭花に5－11個の舌状花があり、明るい黄色。
分布：本州(福島県以南)－九州
1992.10.11　英彦山

ナガバノコウヤボウキ

Partya glabrescens Sch. Bip.　　キク科
上部山地の稜線上のブナ，ミズナラ，アカマツなどの明るい樹下に生える高さ約1mの落葉低木で，茎が細いのでコガクウツギなどと体を支え合っていることが多い。1年目の枝は楕円形の葉を互生し，高さは1mに達するが花はつけず，2年目の枝には各節に大小不揃いの披針形の葉を5枚程度つけ，その中心に1個の頭花をつける。花期は9月下旬から10月上旬，花冠は白色。総苞は径3mm，長さ11mmあまりで細長く，その中に4－6個のそう果があり，そう果には長さ12mmあまりの茶褐色の冠毛があり目立つ。
分布：本州（宮城県以南）－九州・対馬
2000.10.8　帆柱山

ハンカイソウ

Ligularia japonica (Thunb.) Less.　　キク科
標高800mくらいまでの山地の多湿地や林下に生えるやや大形の多年草。根出葉は長柄がありヤブレガサのように掌状に分裂して長さ幅とも約30cm。茎は高さ60－100cmで太く，紫色の斑点がある。花期は6－7月で頭花は2－8個つき径約10cm，舌状花は黄色で10個程度と少ない。
分布：本州（静岡県以西）－九州
2003.7.16　英彦山

フクオウソウ

Prenanthes acerifolia (Maxim.) Matsum.　キク科
おもに谷間の木陰や岩の壁面に生える多年草。葉は茎の下部に集まってつき互生して長い柄がある。葉身は円心形で3－7裂し，先は尖る。茎は高さ20－60cmで全体に細長い腺毛をもつ。花期は9－10月，頭花は円錐花序につき，やや斜め下向きにつく。総苞は長さ約12mm，緑色で先端は少し黒い。頭花はどれも舌状花で花冠は白色から薄い黒紫色で裏面に黒い条がある。

分布：本州－九州
2005.9.25　英彦山

ツクシトウヒレン

Saussurea nipponica Miq. subsp. kiushiana (Franch.) Kitam.　キク科
夏緑樹林帯の明るい林下にまれに生育する多年草。葉や茎に短毛を密生している。根出葉は心形で長い柄がある。茎は高さ40－70cm，茎の中間部より下方には茎をはさんで両側に幅15mmくらいまでの広い翼がある。花期は9－10月，茎の上方で枝分かれして多数の頭花をつける。総苞は長さ約12mm，径7－8mm，総苞片の先は尖り反り返っている。頭花は白色で多数の筒状花よりなり，開花時の長さは15－17mmで，総苞より長く突き出る。

分布：九州
2002.9.30　帆柱山

ツクシタンポポ

Taraxacum kiushianum H. Koidz.
キク科
山地の日当たりのよい草地や山道などにごくまれなタンポポ。葉は広倒披針形で羽状深裂し鈍頭。花期は5月で、花茎は時に葉よりも長く、まばらに軟毛があり、頭花近くでは密になる。頭花の径は3－4cm、総苞の外片は内片の1／2くらいで広卵形から卵状長楕円形、先端に小形の小角突起がある。
分布：長野県・愛媛県・高知県・福岡県・熊本県・大分県・宮崎県
カテゴリー：絶滅危惧ⅠB類（環境省）
2001.5.4　英彦山

サワギク

Senecio nikoensis Miq.
キク科
おもに夏緑樹林帯の谷間の木陰に生える柔らかい多年草で高さは40－100cm、葉は薄く羽状に深裂している。頭花は6－8月、枝先に多数つき径約12mm、舌状花はふつう10－15個で黄色。冠毛は雪白色、そう果（種子）が飛散する頃、冠毛が集まってほろくずのようになるというのでボロギクの別名がある。
分布：北海道－九州
2001.6.5　英彦山

ウバユリ

Cardiocrinum cordatum (Thunb.) Makino　　ユリ科
山麓部から夏緑樹林帯下部にかけて広く分布している。地下に白色の鱗茎があり食べられる。しかし、茎が上がると鱗茎と根出葉はなくなる。花の下部にある葉は大きく厚く光沢がある。花期は7－8月，花は数個，水平に出て長さ7－10cm，花被片は緑白色で合着せず，もとから離れている。姥百合で花期に基部の葉がないことによる。
分布：本州(宮城県・石川県以西)－九州
2002.8.1　英彦山

ホソバナコバイモ

Fritillaria amabilis Koidz.　　ユリ科
クロユリやバイモなどの仲間で，標高700mから900mくらいの林下に散生する極めてまれな多年草。茎は地上部で高さ5－10cm，上部に4－5枚の葉があり，最先端に釣り鐘状の清楚な白花を1個下向きにつける。花期は3月，葯が白色であることから黒色のトサノコバイモと区別される。体が小さい上に茎葉が落葉と同色で発見し難い個体がある。
分布：中国・九州
カテゴリー：絶滅危惧Ⅱ類(環境省)
2007.3.14　英彦山

ホウチャクソウ

Disporum sessile Don　ユリ科
照葉樹林帯から夏緑樹林帯にかけて広範囲に分布するごくふつうの多年草で，林下，林縁，草地など色々な場所に出現し，時にかたまって生育する。花は夏緑樹林帯では5月，枝の端に1-3個下垂する。花被片は離れず筒状で基部は緑白色であるが先端部は緑色である。英彦山の上部には花被片の黄色を帯びるものがある。名前は寺院の軒に下がる宝鐸からきている。
分布：北海道-九州
2005.5.23　英彦山

ツクシショウジョウバカマ

Heloniopsis orientalis (Thunb.) C. Tanaka　ユリ科
標高約1000mくらいまでの湿った地面や壁面に生えるが個体数はあまり多くない。花は3月下旬から4月にかけて，5-10cmの花茎上に2-10個かたまってつく。花の色は環境による変化が強いようで白色から紅色や紫色がかったものまであり，花糸や葯にも同様の変化がある。花が終わると花茎は急に伸びて20-30cmになり，3つに深くくびれた蒴果ができる。
分布：九州
1998.4.3　英彦山

チゴユリ

Disporum smilacinum A.Gray　ユリ科
英彦山地では林下に極めてまれに生える多年草。茎は高さ10-30cm，あまり枝を分けない。葉は楕円形または長楕円形で長さ4-7cm。花期は5月，花は茎頂に1-2個横向きかやや下向きにつく。花被片は白色，被針形で長さ10-15mmで半開する。
分布：北海道-九州
2000.5.14　帆柱山

種子植物──被子植物 | 179

コオニユリ

Lilium leichtlinii Hook. fil. var. maximowiczii (Regel) Baker　ユリ科

ふつう山地の草地に生える多年草であるが英彦山地では岩上や岩壁によく生える。岩場では斜上またはやや下垂して生え，地生のものより小形である。また，本種はオニユリ L.lancifolium よりも小さく，花数も少数で葉腋に珠芽のつくことはない。

分布：北海道－九州
2003.7.31　英彦山

コバギボウシ

Hosta albo-marginata (Hook.) Ohwi
ユリ科

山間の明るい湿地に生える。英彦山地には少なく，東峰村に多い。葉は斜めに立ち，葉身は長さ10－20cm，幅5－8cm，基部の葉縁は柄に沿って流れる。花茎は直立して30－50cm，花は8－9月にやや下向きに開く。花被片は淡紫色，内側に濃紫色の脈がある。

分布：北海道－九州
2004.8.25　英彦山

サイコクイワギボウシ

Hosta longipes (Franch.et Savat.) Matsum. var. caduca N. Fujita　ユリ科
山地のやや湿った岩壁を好むが時にブナやシオジなどの樹木にも着生する。葉は根生し日向では小さく陰では大きくなる。花茎は丈夫で径3－4mm，長さ30－60cm，斜上または弓なりに垂れ，葉柄や花茎には赤褐色の小斑がある。花は花茎の先に集まってつくが，幅の狭い苞は茎の伸長の初期にしおれて落ちる。花期は8月中－下旬。花は淡紫色で長さ約5cm，それに長さ約2cmの柄がある。
分布：四国西部・九州
2007.8.22　英彦山

ツクバネソウ

Paris tetraphylla A. Gray　ユリ科
標高800mから山頂部まで分布しているが大きな群落にはならない。高さ15－30cmの茎の先に4枚の葉をつける。和名は輪生した葉の形を羽根突きの羽にたとえたものである。4月下旬頃，葉のつく部分からさらに細い花茎を出し，その頂に1花をつける。花には比較的大きな緑色の外花被片があり，はじめは水平であるが，後に反り返る。果実は液果で，黒熟する頃に花糸はふくらんで赤くなり反り返って液果の台座を飾る。
分布：北海道－九州
2006.5.11　英彦山

ミヤマナルコユリ

Polygonatum lasianthum Maxim.　ユリ科
尾根筋のような風通しのよい林床に生える。アマドコロやナルコユリなどの仲間であるが分布は限られている。太い根茎があり，茎ははじめ直上し上部は弓形に傾く。本山地では高さ10－30cm。葉の裏は粉白色。4月，葉腋から長い花柄を出し，その先に1－3花を垂れるが，それは徐々に生長して5月下旬頃開花する。花筒は長さ20－22mm，径5－7mmで白色，先端より約4mmの間は6つの裂片に分かれ緑色を帯びる。
分布：北海道・本州・四国・九州
1999.5.28　帆柱山

オオナルコユリ
Polygonatum macranthum (Maxim.) Koidz.
ユリ科
山地に生える多年草で，ナルコユリに比べて大型。一般にナルコユリが地面に生えるのに対し，岩上に2－3本集まって生えることが多い。茎は長さ80－130cm，はじめやや斜上し，高さ40－50cmくらいの所から弓形に折れ曲がった形になる。花期は5－6月，花は葉腋に2－4個ついて下垂し，基部から順次咲き上がる。花筒は長さ約30mm，緑白色で先端部のみ緑色である。
分布：北海道－九州
2002.6.6　英彦山

ユキザサ
Smilacina japonica A. Gray　　ユリ科
深山の谷間に生える高さ10－30cmの多年草。茎は直立するが最下の葉のつく付近で腰を折る。茎および葉の縁にあらい白毛がある。花期は5月，茎の先に円錐花序をつける。花被片は白色で長さ3－4mmの長楕円形で平開する。花序と花柄にもあらい毛がある。和名は花の姿を雪に，葉の形を笹にたとえたもの。10月に赤色の光沢のある液果をつける。
分布：北海道－九州
2000.5.14　犬ヶ岳

タチシオデ
Smilax nipponica Mig　　ユリ科
本山系にはシオデ属としてサルトリイバラ，シオデ，タチシオデがあるが，本種はその中で最も数少ないものである。多くは標高800m付近のスギ林の中に生育している。茎が20－40cmに伸びた頃に開花する。花期は5月で葉腋に散房花序をつけるが花の数は多くない。雌雄異株。液果は黒色に熟し白粉を帯びている。はじめ茎が立つことからこの名がある。
分布：本州－九州
2007.5.24　英彦山

ヤマホトトギス

Tricyrtis macropoda Mig.　ユリ科

本山地に生育するホトトギス属はタマガワホトトギス, ヤマホトトギス, ヤマジノホトトギスの3種でその中で本種が最も多い。ホトトギスもあるとされているが未確認。花期は8-9月, 茎の先端に時に上部の葉腋にも花序がつく。花は上向きに咲き, 花披片は白色で紫斑があるが, その数や大きさは個体により異なるので白色に近いものから赤紫の濃いものまで様々である。花披片は下に反り返る。花柱は大きく3つに分かれ, それぞれはまた2つに分かれる。よく似たヤマジノホトトギスは下部葉腋にも花をつけ, 花被片は平開。

分布：北海道西南部・本州(岩手県以南)・四国・九州

1998.8.29　英彦山

タマガワホトトギス

Tricyrtis latifolia Maxim.　ユリ科

夏緑樹林帯の水気の多い崖地や谷間の岩などに生えるがブナなどの高木の下に生えることもある。茎は高さ30-60cm。岩場では斜上または半ば垂れる。葉は基部で茎を抱く。花期は7月中旬, 茎の先端と上部の葉腋に花茎を出し, 1-3個の花をつける。花披片は黄色で斜めに開き, 内面に赤褐色の小さな斑点を無数にちりばめている。外片の基部には大きなふくらみがある。花柱は3つに分かれ, さらに2裂して平開する。

分布：本州-九州

2007.7.17　英彦山

ヒメナベワリ

Croomia japonica Miq.　ビャクブ科

本山地では標高1000mあまりのブナ林の中に生育している。横に這う根茎があり、茎の高さは30-50cm、下部は直立し、葉のつくあたりから上部は多少じぐざぐに斜上している。葉は互生して5-9個、花期は5月、花は葉腋から弓形に出る細くて長い花柄にぶらさがってつく。花は小さく、黄緑色の4個の花被片は同形同大、後方に反り返る。花柱は黒紫色、葯は橙色。

分布：本州(中国地方)・四国・九州・奄美
2001.5.4　帆柱山

オオキツネノカミソリ

Lycoris sanguinea Maxim. var. kiushiana Makino
ヒガンバナ科

犬ヶ岳山系では夏緑樹林に、英彦山系ではモミ・ツガ林に大きな群落がある。ヒガンバナと同様に花が終ってから葉が伸び出し、初夏に枯れて、7月下旬に開花する。花茎は高さ30-50cmで3-5花がつく。長さ3-4cmの披針形の総苞があり、花柄は3-6cm、花被片は橙色で長さ約9cm、幅7mm内外、やや斜上して咲く。雄蕊が花被片より2-3cm長く突き出し、雌蕊はさらに長い。母種のキツネノカミソリより葉の幅が広い。

分布：本州(関東以西)-九州
2007.7.26　犬ヶ岳

ヒメシャガ

Iris gracilipes A. Gray　　アヤメ科

乾燥した明るい樹下に生育する多年草。かつて求菩提山には群生地があり，県の天然記念物に指定されているが，今はほとんど見ることができない。そのため，山麓の求菩提資料館の庭では再生が行われている。英彦山でも生育していたが現在は確認されていない。5月中旬，約20cmの花茎に淡紫色のきれいな花をつけるが，アヤメやノハナショウブと違って内花被片も外花被片と同様に開く。

分布：北海道西南部－九州北部
カテゴリー：準絶滅危惧（環境省）
2003.4.28　求菩提資料館植栽

アヤメ

Iris sanguinea Hornem.
アヤメ科

アヤメは山地のやや乾燥した草原に生える多年草である。福岡県内の自生地は福智山の山頂部と英彦山の鷹巣原高原スキー場の2カ所である。しかし，英彦山では生育地にトイレが作られたことやススキやネザサが繁茂したことで存在が危ぶまれる。花期は5月中・下旬で花茎は高さ40－60cm，花は2－3個つく。外花被片の基部に綾になった模様があることからこの名がある。内花被片はへら形で長さ約4cm，直立する。

分布：北海道－九州
1997.5.22　英彦山

種子植物 —— 被子植物 | 185

クマイザサ

Sasa senanensis Rehd.
イネ科

英彦山や犬ヶ岳などの稜線を中心としたブナ林の林床のほぼ全域を占める。高さは1－2.4m，稈の太さは基部で径約7㎜，稈鞘は無毛，節の1／2－2／3の長さで上部に稈面が出る。2年目以降，節から1本ずつ枝を出す。葉は通常7枚で，葉耳がある。裏面には短毛が密生していてビロードの感触がある。また，冬期には多少隈が入る。

分布：北海道・本州の日本海
　　　側・九州北部
2006.10.3　英彦山

スズタケ

Sasa borealis (Mack.) Nakai
イネ科

太平洋型ブナ林にミヤコザサと共に広く分布している種類。英彦山地では南岳の南斜面，鷹ノ巣山，クマイザサより下部の急斜面などに分布しているが範囲は狭い。稈は高さ1－2.5m，節から1本，時には2－3本の枝を出す。稈鞘は節より長いので稈面は見えない。葉は細長で両面無毛。葉耳と肩毛はない。稈は丈夫で弾力があり，雪をはらい落とし，クマイザサのように雪の下に埋没してしまうことはない。

分布：北海道南部・本州の太
　　　平洋側・九州
2006.12.11　英彦山

マムシグサ

Arisaema serratum (Thunb.) Schott
サトイモ科

平地から山地までごくふつうに生育しており，テンナンショウ属では最も個体数が多い。形態上の変異が著しい種類である。葉はふつう2個で複葉が鳥足状に左右に広がってつく。花期は4－6月，仏炎苞は葉の展開と同時か前後して開き，多くは緑色であるが時に黒紫色で白条の入るものがある。舷部は筒部より長いものもあれば短いものもある。偽茎の表面のまだら模様がマムシを連想させる。

分布：北海道－九州
花　2008.5.8　英彦山
果実　2005.10.13　英彦山

ヒメウラシマソウ

Arisaema kiushianum Makino　サトイモ科

山地の林下にややまれに生える植物であるが，英彦山地では標高930mまで分布が確認されている。葉は1個で葉柄は高さ10－30cm，上部に比較的幅広い小葉を7－13枚つける。小葉は薄く黄緑色。頂小葉は長さ10－18cm。花期は上部山地で5月下旬，花柄が短いので花は地面近くにつく。仏炎苞は濃紫色で白い条がある。舷部の内面にT字形の白紋があるのが本種の特徴で，舷部の先は垂れて尖っている。また，付属体の先は糸状に15－20cm伸びて後方に跳ね上がっている。

分布：本州(山口県)・九州
2002.5.24　帆柱山

ヒロハテンナンショウ

Arisaema amurense Maxim. subsp. robustum (Engler) Ohashi et J.Murata　サトイモ科

ブナ林の林床にまれに生える多年草で高さ20-45cm。子球を沢山つける性質があるため小さな群落になっていることがある。葉はほとんどが1個で5-7枚の小葉をつける。小葉の幅は日向で広く、木陰で狭くなる傾向がある。花序は葉より下につく。花期は5-6月で、仏炎苞は緑色で隆起した白条がある。舷部の先端は尾状には伸びず、付属体は黄緑色でほとんど棒状。

分布：北海道・本州・九州北部

2004.6.12　英彦山

ミツバテンナンショウ

Arisaema ternatipartitum Makino　サトイモ科

標高750mから950mあたりの夏緑樹林帯に生育している。4月上旬に葉を全くつけずに花茎が上がり開花する。花は濃い紫褐色。筒部の長さは5-6cm、口辺部は耳状に大きく張り出し、舷部は三角形で先は少し前に垂れる。花はのちに葉が展開するまで2週間以上残っている。葉は2枚あってそれぞれが3小葉に分かれているのでこの名がある。

分布：本州(静岡県以西)・九州

2005.5.23　英彦山

ツクシマムシグサ（ナガハシマムシソウ）
Arisaema maximowiczii (Engler) Nakai
サトイモ科

深い木立の中に生える。群生することなく散在する。高さ30－50cmで多くは葉を1個つける。葉は7－9個の小葉に分かれ、葉の縁には多くが鋸歯をもつ。花期は4月下旬から5月上旬、花は短い柄をもち、仏炎苞は緑色まれに紫色。筒部は4－6cm、口辺部はやや開き、舷部は上方で急に細くなり糸状に長く伸びる。付属体は短い柄があり細い棒状で、先端は径1－3mm。

分布：本州(三重県)・九州
2002.5.24　英彦山

ナンゴクウラシマソウ
Arisaema thunbergii Blume subsp. Thunbergi　サトイモ科

低山地から山地にかけての林内に生えるがごくまれ。葉は1枚で垂直に立ち上がり、葉柄は長さ40－60cm、上部で二又に分かれ、11－21枚の小葉が羽根を広げたような形につく。小葉は厚く濃緑色、頂小葉は長さ20－30cmの披針形。花期は4－5月、花序は1個で、地際から立ち上がり、葉柄の高さの1／3くらいの高さに伸びる。仏炎苞は暗紫色で、付属体の上部は仏炎苞の上方で大きく湾曲し、その先は次第に細くなって20－30cm、弓形に伸びる。葉は夏には枯れる。

分布：本州(山口県)・四国・九州
2002.5.5　上寒田

オオハンゲ
Pinellia tripartita (Blume) Schott
サトイモ科

照葉樹林帯から夏緑樹林帯下部にかけての林下に生える多年草で、本山地では岩の多い神社の境内に多い。ふつう葉は1－2個で葉身は3つに分かれ、それぞれは広卵形で先は尖っている。花期は6－8月で、仏炎苞は緑色だけのものや口辺部が濃紫色のものなどがあり、長さ6－10cm。舷部は卵形で付属体は上方に細く伸びて長さ15－25cm。

分布：本州(中部地方)－琉球
2002.7.13　英彦山

種子植物 —— 被子植物 | 189

ヒナラン

Amitostigma gracile (Blume) Schltr.
ラン科
コケ植物のよく生育した岩の斜面に生える極めてまれな植物で単生している。茎は細く高さ5−18cmで斜上する。茎の高さ2−3cmの所に葉が1個あり，長さ2−4cm，幅1−2cmの広披針形で基部は茎を抱く。花期は6月で淡紅色の小花が3−15個，やや一方に偏ってつく。写真では花期が過ぎようとしている。
分布：本州・四国・九州
カテゴリー：絶滅危惧ⅠB類(環境省)
2004.6.29　英彦山

マメヅタラン

Bulbophyllum drymoglossum Maxim.　ラン科
岩の壁面や樹上に着生する。根茎は細長く這って広がり，本山地では1×1m程度に群生している所がある。葉は卵円形で肉質，長さ7−13mm，幅5−10mm。花期は5−6月で葉腋から長さ7−10mmの細い花茎を出し淡黄色の小さな花を1個つける。注意しないと見落としてしまうほどの小さな花であるが，離生した側萼片と唇弁は共に広披針形で明瞭。
分布：本州(関東以西)−琉球
カテゴリー：絶滅危惧Ⅱ類(環境省)
2003.6.8　英彦山

エビネ

Calanthe discolor Lindl.　　ラン科

海岸林から夏緑樹林帯まで広く分布しているが，標高が高くなるにつれて減少し，本山地で確認した最高は910mである。エビネ類は1970年代後半のエビネブームの折に乱獲されて絶滅状態になっている。本山地では移植されたと思われるものがあるので注意を要する。ジエビネとも呼ばれ，4-5月に開花する。萼片，花片，唇弁などに形と色の変化が多い。

分布：北海道-九州
カテゴリー：絶滅危惧Ⅱ類（環境省）
1999.5.6　英彦山

キエビネ

Calanthe sieboldii Decne　　ラン科

分布の範囲はエビネと同じであり，スギ林や自然林に生育する。1970年代後半のエビネブームの頃，花が大きく黄色が目立つためにエビネ以上に乱獲され，近年本山地では1度しか見たことがない。エビネに比べて葉・花茎・花被などすべてにわたって大形である。花期は5月上旬，エビネとの自然交配によりソノエビネ（タカネ）を生じる。

分布：本州・四国・九州
カテゴリー：絶滅危惧ⅠB類（環境省）
2001.5.4　帆柱

サルメンエビネ

Calanthe tricarinata Lindl.　ラン科

夏緑樹林帯の上部の概ね標高900m以上の林下に生える多年草であるが、1970年代後半のエビネブームの頃にほとんどが採取されて絶滅に近い状態にある。エビネのように群生することがない。花茎は高さ30−50cm、5月に十数花をまばらにつける。萼片と側花弁は黄緑色、唇弁は3裂し、その中央片は大きく茶褐色で、縁はひだ状、中央に3条のとさか状の隆起がある。

分布：北海道−九州
カテゴリー：絶滅危惧ⅠB類(環境省)
1999.5.8　英彦山

ギンラン

Cephalanthera erecta (Thunb.) Blume
ラン科

照葉樹林帯から夏緑樹林帯にかけての明るい林下にまれに生育する多年草。同属のキンランよりも小さくさらに数が少なく、1本だけで生えていることが多い。茎は高さ10−20cm、葉は数個で下部の葉は幅が広く基部で茎を抱く。花期は5月で、白色の花を2−10個つける。萼片は披針形で先は尖り、側花弁は広披針形、唇弁は基部が短い距となり、中裂片は楕円形。

分布：本州−九州
2001.5.4　帆柱山

キンラン
Cephalanthera falcata (Thunb.) Blume
ラン科

照葉樹林帯から夏緑樹林帯下部にかけての疎林内，若いヒノキ植林内などに散生する地生ランで，花茎はふつう20-40cm，広披針形の大きな葉を数枚つける。葉は長さ8-15cm，幅2-4cmで，基部で茎を抱く。花期は5月，花は数個つき黄色で，萼片や側花弁も比較的大きい。半開状態のことが多く，めったに全開しない。県内ではギンランと比べると本種の方が多い。

分布：本州－九州
カテゴリー：絶滅危惧Ⅱ類（環境省）
2000.5.13　英彦山

サイハイラン
Cremastra appendiculata (D. Don) Makino
ラン科

下部山地の林下や川岸などに生える。長さ15-40cmの狭長楕円形の葉を1個つける。花期は5月，花茎は長さ30-55cm，総状花序は長さ10-25cm。花は15-35個が一方にやや偏ってつき下垂する。萼片や側花弁は淡汚紫褐色，線状披針形で長さ3-4cm，幅4-5mm，先は尖っている。唇弁は赤紫色で長さ3cm，全体の2／3が蕊柱を抱え先端は3裂している。葉は花期の頃に枯れる。

分布：北海道－九州
2008.5.18　帆柱山

トケンラン

Cremastra unguiculata (Finet) Finet　ラン科

県内では極めてまれ。深山の腐植土のたまった岩上に生えている。偽球茎は球形で白色。葉は2個あり、地に接して長さ8－12cm、エビネの葉に似ている。花期は5月下旬－6月上旬。花茎は細く高さ20－30cm。萼片、側花弁とも線状倒披針形で黄褐色、長さ約1.5cm、内面には紫色の斑点がある。唇弁は白色で途中で直角に曲がり、広がって垂れる。その上唇部は3裂して中裂片は円頭、側裂片は線形で角のように立ち、いずれにもきれいな紫色の小斑がある。

分布：本州・四国・九州
カテゴリー：絶滅危惧ⅠB類
　（環境省）
2007.6.1　英彦山

クマガイソウ

Cypripedium japonicum
Thunb.　ラン科

山地の木陰に生える多年草。写真はみやこ町産の植栽による。茎は高さ30-40cmで有毛。葉は大きく扇形、2枚がほぼ対生し放射状に多数の筋があり、縁は波打っている。花期は5月上旬で茎頂に径約10cmの大きな花を1個つける。唇弁が長さ約4.5cm、幅約3.8cm、奥行約3.8cmの大きな袋状になっているのが特徴で、表面には網目と紅紫色の模様がある。背萼片と側花弁はいずれも披針形で長さ5.5cm、後者には基部付近に紫色の斑点と毛がある。側萼片はやや大きく袋の後方に垂れており、先が少し2裂している。

分布：北海道南部－九州
カテゴリー：絶滅危惧Ⅱ類
　　　　　（環境省）
2008.5.2　伊良原産植栽

セッコク

Dendrobium moniliforme
(L.) Sw.　ラン科

日当りのよい大岩の壁につくものは長さ5-10cm、神社の大スギなどに着生するものは15-30cmある。茎は多数束生し、かたい肉質、はじめのうちは葉鞘に包まれている。花は前々年生の葉の落ちた茎の上部の節に1-2個つく。花の多くは白色であるが時に淡紅色のものがある。採られることの多い植物で、手の届く範囲には存在しない。

分布：本州－九州
2007.5.21　英彦山

ツチアケビ

Galeola septentrionalis Reichb. fil.
ラン科

無葉緑の大形の腐生植物。本山地では薄暗い林下やモミ・ツガ林内などにまれに出現する。7月頃高さ40−70cmの茎の上に黄褐色のやや大型の花を多数つける。花は目立たないが，秋には長さ6−10cmのウインナーソーセージ形の大きな赤い果実となって垂れ下がりよく目立つ。

分布：北海道−九州
花　2006.7.12　英彦山
果実　2009.9.10　英彦山

ミヤマウズラ

Goodyera schlechtendaliana Reichb. fil.　ラン科

照葉樹林帯上部から夏緑樹林帯下部にかけての林下に生える。茎は横に這い，先は直立して高さ10−20cm。葉は数枚，下部に集まってつき，表面は濃緑色の地に白色の網目模様がある。花期は8−9月，淡紅色の7−12個の花が一方の側に偏ってつく。写真はすでに花の終わった状態のものである。

分布：北海道中部−九州・奄美大島
2005.10.19　犬ヶ岳

シロテンマ

Gastrodia elata Blume
forma pallens Tuyama
ラン科

夏緑樹林帯下部に生える極めてまれな無葉緑腐生植物で福岡県未記録。茎は肌色で細く径約3mm，高さ35－55cm，数カ所に濃褐色の鱗片がある。花は上部に10個程度つき，形は母種のオニノヤガラに似ているが花の色はややくすんだ青白色である。3萼片は合着してつぼ状になり，長さ10－12mm，基部はふくらんで径約8mm，開口部は細まり円形で径約6mm，縁は細裂している。花柄は子房より短い。花期は7月中・下旬。ただし毎年出現するとは限らない。

分布：北海道－九州
2009.7.18　犬ヶ岳

シュスラン（ビロードラン）

Goodyera velutina Maxim.　　ラン科
アカガシなどの常緑林下に生え，高さ10－15cm。葉は数個つき長卵形，表面は暗緑色のビロード状で中央に細い白線が1本あり，裏面は暗紫色。花期は8－9月で淡紅色の花を4－10個，一方に偏ってつける。写真はまだ開花してない状態であり，線状披針形で長鋭尖頭，長さ6－12mmの苞がはっきりしている。

分布：本州（関東南部以西）－九州
1998.8.23　犬ヶ岳

種子植物──被子植物│197

フガクスズムシソウ

Liparis fujisanensis F. Maek.
ラン科

ブナやコハウチワカエデなどの樹上に着生する小形のラン。偽球茎は透き通るような緑色であるが，多くは枯れて繊維質になった葉鞘に包まれている。葉の多くは卵形で2枚が対生している。葉には平行脈が明瞭であるが斜から見ると網目状の2次脈が浮き出て見える。花期は7月，葉の間から5－10cmの花茎を生じ1－数個の花をつける。唇弁は幅約9mm，紫色で基部から約1／3の所で外側に直角に曲がる。側花弁は線状で垂れ，多くは前方に向かって曲がっている。本種はスズムシソウとクモキリソウの自然交雑種といわれている。

分布：本州(岩手県以南)・四国(徳島県・愛媛県・高知県)・九州(大分県)
カテゴリー：絶滅危惧ⅠB類(環境省)
2007.7.22　英彦山

クモキリソウ

Liparis kumokiri F. Maek.　　ラン科
山地の風通しのよい林下の地上または岩上に生える。葉は2個，花期は5－6月で花茎は高さ10－20cmで5－15花をつける。萼片と側花弁は線形で側花弁の方が細い。唇弁は長さ5－6mm，反曲し中央に浅い溝がある。

分布：北海道－琉球
2006.6.19　英彦山

ジガバチソウ

Liparis krameri Franch. et Savat.
ラン科

林内の岩上や朽木に生える。写真はシオジの倒木に生えていたものである。葉は2枚で縁は波打っており，葉脈は網目をなしている。花期は6月，花茎は高さ5－10cm。花は紫褐色で萼片は線形，側花弁は糸状で反曲して垂れ下がり，唇弁は曲がってやや下垂し紫褐色の筋があり先端は細く尖っている。
分布：北海道－九州
2010.6.10　英彦山

ウチョウラン

Orchis glaminifolia (Reichb. fil.) Tang et Wang　ラン科

山地の日当たりのよい乾燥した岩上，時にはブナの樹幹にも生える小さな多年草。かつては本山地の岩場には多数あったといわれているが，採取されて今ではほとんど絶滅状態である。楕円形の球根がある。茎は斜上して高さ5－15cm。花期は7月，多くは明るい紫紅色の花を数個，一方向に傾いてつける。花の径は約1cm，背萼片は卵円形，側花弁は斜卵形。しかし，個体により花の色，唇弁の形や模様などには非常な変化がある。
分布：本州・四国・九州
カテゴリー：絶滅危惧Ⅱ類（環境省）
ブナに着生　2007.7.28　英彦山
地生　2004.7.11　犬ヶ岳

種子植物──被子植物 | 199

ボウラン

Luisia teres (Thunb.) Blume　　ラン科
県内では海に近い地域のクスノキやクロマツに着生しているものであるが、添田町や嘉麻市にも生育地がある。クスノキの高さ10-20mに着生しており、葉は径3-4mmの多肉質の円柱状線形で長さ6-10cm、花は6-7月、茎の節から短い花序を出し2-5花をつける。側花弁と萼は黄緑色で紫斑があり長さは8-10mm、唇弁は楕円形で濃紫色、唇弁には2個の耳があり先端は2裂している。
分布：本州（近畿地方南部）－沖縄県
カテゴリー：準絶滅危惧（環境省）
1998.6.29　添田町の木から台風で落ちたものを栽培

コケイラン

Oreorchis patens (Lindl.) Lindl.　　ラン科
山地の渓流沿いの地など、やや湿った所に生える。ふつう長さ20-30cmの細長い葉が2枚ある。花期は5-6月、高さ30-40cmの花茎上に多数の花をつける。花は黄褐色、側花弁と萼片は披針形、唇弁は白色で赤い斑点があり基部で3裂している。
分布：北海道－九州
2002.5.5　英彦山

カヤラン

Sarcochilus japonicus (Reichb. fil.) Miq.　　ラン科

高住神社の上方で落ちたスギの枯れ枝に付着しているものを発見した。高木に着生する小形のランで発見が困難であり，県内の生育地は古処山，釈迦ヶ岳などに限られる。茎は長さ3－5㎝，下垂ぎみにつく。茎は披針形で厚く長さ2－4㎝，茎の左右に羽状に互生してつき，葉の先は下方に湾曲する。気根は細長く，茎の上方からも伸び出す。花期は5月で，葉腋より長さ3－5㎝の花柄を伸ばし，淡黄色の2－5花を下垂する。

分布：本州（岩手県以南）・四国・九州
2000.5.18　英彦山

ジンバイソウ

Platanthera florenti Franch. et Savat.
ラン科

夏緑樹林帯にまれに生える小さな多年草。ほとんど地に接して光沢のある2枚の葉がある。葉の長さは5－10㎝。縁は波状に縮れる。花期は8－9月，花茎は高さ20－30㎝，小さな鱗片葉がある。花は1－数個つき淡緑色で長さ約15㎜の距がある。

分布：北海道－九州
2007.9.3　英彦山

マツラン（ベニカヤラン）

Saccolabium matsuran Makino　　ラン科

2004年9月7日に襲来した大型台風18号の直後に奉幣殿の大スギより落下したものを発見した。ヒメノキシノブやウメノキゴケなどと共に着生しており，多数の細い根があり，茎は長さ1.5㎝，10個の葉が密についていた。葉は多肉質で長さ10－17㎜，幅3－4㎜の長楕円形で暗紫色の斑点が多数ある。花期は5－6月で花茎は各葉腋より茎の下側に出て2個の鱗片葉と1－4個の花をつける。花は平開し黄緑色の下地に暗紫色の斑点が入る。分布の極めてまれなランでこれまでに宝満山，若杉山の記録があるだけであった。その後英彦山の高住神社でも発見された。

分布：本州（宮城県以南の太平洋側）・四国・九州
2007.6.6　英彦山

種子植物――被子植物 | 201

ヒトツボクロ

Tripularia japonica Matsum.　　ラン科

山地の明るい樹下の乾燥した所に生える葉1個の小さな植物で極めてまれ。偽球茎は直径約4mmの狭卵形で数カ所に輪形の節があり2－3個が連なっている。新しい偽球茎は汚白色，古いものは黒い。葉は卵状楕円形で先は尖り，縁は鋸歯状に波打っている。表は中肋が白い筋になっており，中肋以外に左右2本ずつの脈があって内側は降起，外側はへこんでいる。裏面は濃紫色。花期は6月，花茎は細く約20cm，小さな黄緑色の花を5－10個つける。葉は8月に枯れる。

分布：本州－九州

2007.6.6　英彦山

キバナノショウキラン

Yoania amagiensis Nakai et F. Maek.　　ラン科

地生の無葉緑腐生植物で夏緑樹林帯下部のやや湿気のある所にごくまれに見られる。暗赤紫色で径約1cm, 高さ数cmの茎があり3-10個の花がつく。花期は7月中旬, 花は全開せず径約2.5cm, 萼片の外面は淡褐色で数条の縦筋がある。側萼片は長さ約23mm, 背萼片より少し大きい。側花弁は楕円形で背萼片よりやや短く, 内壁には紫赤色の小斑が散在している。唇弁は袋状で内壁には小斑が多数あり開口部の前方には淡黄色の長毛がある。距は径約5mm, 長さ8mmで前方を向く。子房は三角形で開花時は長さ5.5-6cm, 幅5mmであるが花が終わると長さ約7cm, 幅約15mmに生長し, 地に倒れ花の部分は黒色になって残る。

分布：本州(関東-紀伊半島)・四国・九州
カテゴリー：絶滅危惧ⅠB類(環境省)
開花初期　2004.7.11　犬ヶ岳
後期　2008.7.21　英彦山

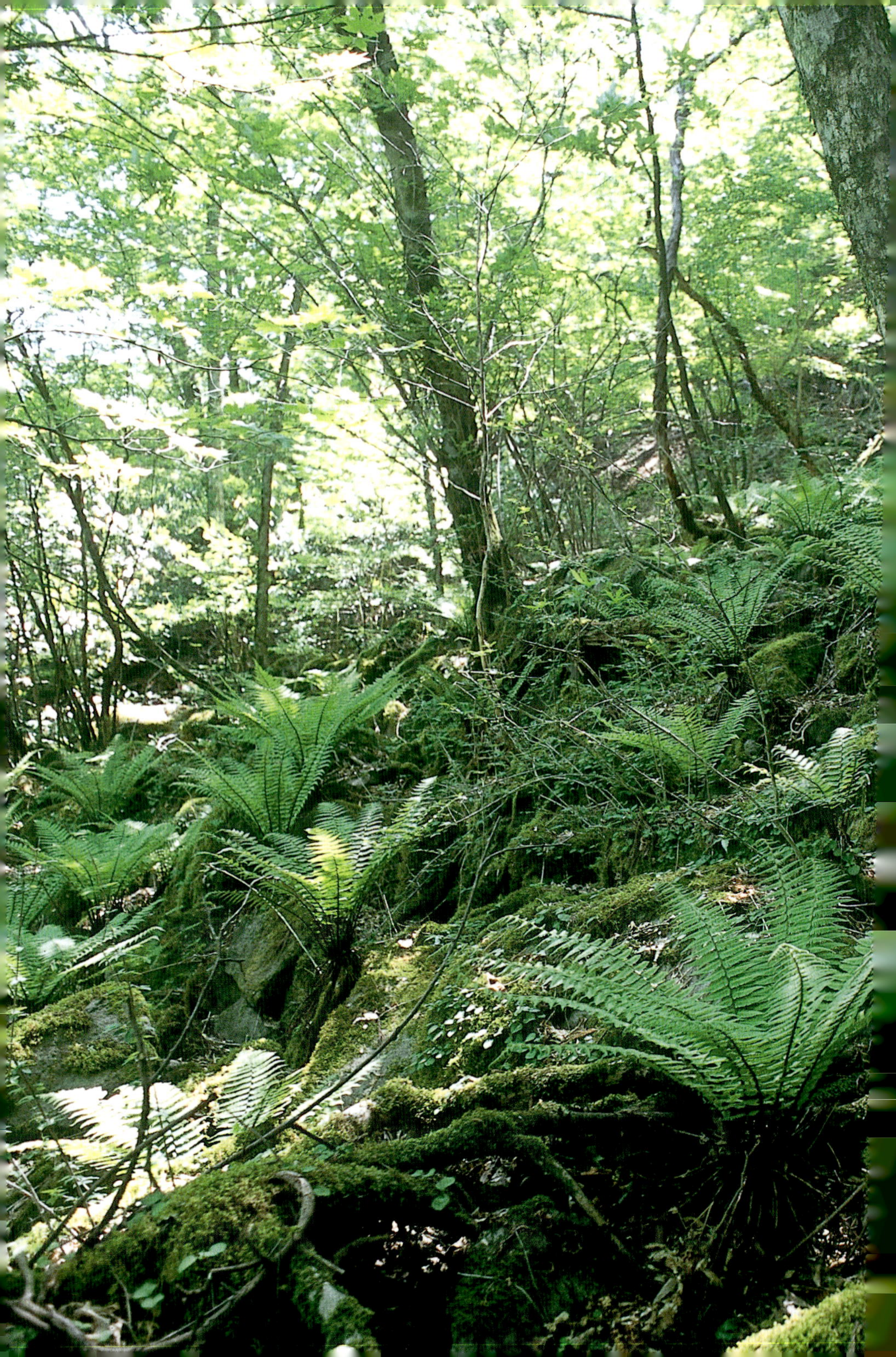

シダ植物

ミヤマクマワラビの芽立ち。
本種はシオジ林を代表する植物

イワヒバ（イワマツ）

Selaginella tamariscina (Beauv.) Spring　イワヒバ科
岩上につく常緑性のシダ植物。英彦山地には凝灰岩の岩場が多いので向陽の岩のほとんどに生育している。根が組み合わさって仮幹をつくり立ち上がる。古い株では長さが30cmを超え、また分岐している。ヒノキに似た葉は乾燥に強く晴天が続くと内側に巻き込み白くなるが、雨が降れば再び広がって濃い緑をとり戻す。岩の上面よりも多少湿気のある上方側面で生育がよい。
分布：北海道－琉球
2006.8.22　英彦山

ヒメウラジロ

Cheilanthes argentea (Gmel.) Kunze
ホウライシダ科
山間部の水田の石垣などに生育する常緑性の小形のシダ植物。葉柄は紫褐色で光沢があり、葉身より長く折れやすい。葉身は五角形状で、羽状に分かれた最下の羽片は長く伸びている。長さ幅ともに3－10cm。裏側は粉白色。胞子嚢群は葉の縁に沿って長く連なり偽包膜に包まれている。
分布：岩手県－沖縄県
カテゴリー：絶滅危惧Ⅱ類（環境省）
2001.9.12　豊前市岩屋

ハコネシダ
Adianthum monochlamys Eaton
ホウライシダ科

極めてまれな常緑性のシダ植物。樹木の茂る林内のやや湿った岩壁に着生する。葉柄は長さ8－18cm，紫褐色の線状で光沢があり折れやすい。基部に鱗片がある以外は無毛。葉身は三角状卵形。長さ10－26cm，3回羽状分岐，小葉は倒三角状で長さ7－11mmで基部はくさび形，へりは全縁，ただし上縁は中央部が大きくへこみ側面には鋸歯がある。胞子嚢群は小葉の先端中央部裏面につき勾玉形で褐色－黒褐色。
分布：本州・四国・九州
2008.6.7　築上町寒田

ホウライシダ
Adiantum capillus-veneris L.
ホウライシダ科

英彦山地では豊前市の2カ所で確認された。岩窟や岩壁のオーバーハング気味の岩面に生える。湿気の多い所のこともあればやや乾いた所のこともある。園芸用のアジアンタムのほとんどが本種で，葉の美しいシダである。葉柄は黒紫色からほぼ黒色で光沢があり長さ3－15cm，葉身は三角状長楕円形，小葉は扇形で縁に小さなぎざぎざがある。
分布：千葉県以西の本州南部と石川県・四国・九州・琉球
2004.7.11　豊前市岩屋

ツツイイワヘゴ

Dryopteris tsutsuiana Kurata
オシダ科
湿気の多い谷間に生育する常緑性のシダ植物。ふつう8－10個の葉がロート状に輪生している。葉柄部は短く，葉柄や葉軸に黒褐色の鱗片が密生し，その縁には刺状の突起がある。羽片は20対以上あって下部ではやや短く，また上部では急に短くなり，先端部は細く尖っている。ソーラスは2－3裂に規則正しく並ぶ。和名は発見者の筒井貞雄による。
分布：福岡県・熊本県
カテゴリー：絶滅危惧ⅠA類(環境省)
2004.8.9　犬ヶ岳

ミヤマクマワラビ

Dryopteris polylepis (Fr. et Sav.) C. Chr.
オシダ科
英彦山の北岳や中岳などのシオジ林の林床に特有の比較的大形のきれいなシダである。シオジ－ミヤマクマワラビ群集の標徴種。太い根茎をもち10枚程度の葉を輪状に広げる。葉の長さは70cmに達し，幅10－25cm，葉柄の鱗片にはいろいろな形があり黒褐色から黒色。夏緑性であるが冬期多少は枯れずに残る。
分布：本州・四国・九州
2006.5.5　英彦山

ツルデンダ

Polystichum craspedosorum (Maxim.) Diels　オシダ科
県内での生育地は石灰岩地と安山岩地のみに限定されている。写真は凝灰角礫岩の壁面に生育しているもので個体は少数であり、また葉身の長さが約10cmの比較的小さなものであった。本種は葉身の先端が細長く伸びて無性芽を生じる。胞子嚢群は羽片の縁に1列に並んでつき、包膜は円形で径約2mmあって大きく、互いに接し合うことが多い。
分布：北海道―九州
2008.6.7　築上町寒田

フジシダ

Monachosorum maximowiczii (Bak.) Hayata　コバノイシカグマ科
英彦山では標高850mのシオジ林から1100mのブナ林まで分布しているが、どこも大小の転石が積み重なり、岩の間に風が通るような環境にあり、ツクシシャクナゲやヒコサンヒメシャラなどと共に生えていることが多い。常緑性のシダで、長さ25－30cm、葉の先端部では中軸が長く伸びてその先に幼体を生じ栄養生殖を行う。英彦山には大きな群落が3カ所ある。
分布：本州(福島県・関東地方以西)・四国・九州
2005.8.30　英彦山

オサシダ
Blechnum amabile Makino
シシガシラ科
英彦山や犬ヶ岳の深山の比較的乾いた岩壁にまれに生える常緑性のシダである。シシガシラに似て葉は単羽状で葉質はやや厚い。葉を叢生し，その基部には何枚かの枯れ葉をつけたままにしている。根茎は細く時に長く壁面を這う。葉には栄養葉と胞子葉の2形があるが共に先端部は尾状に伸びる。日本固有種。
分布：本州・四国(高知県)・九州
2004.7.11　英彦山

オシャグジデンダ
Polypodium fauriei Christ　　ウラボシ科
英彦山では夏緑樹林帯の標高820m以上に分布し，湿度の高い谷間の樹木に着生している。冬季に葉をつけ，夏季に落葉する珍しいシダである。直径3－4mmの太い根茎が這っており，葉柄は短く3－5cm，葉身は羽状深裂して狭卵形から広披針形で長さ5－20cm，幅3－8cm，多くは垂れている。乾燥が続くと表面に反り上がり，措葉にすると，ぜんまい巻きになるので他種と区別しやすい。
分布：北海道－九州
1999.4.3　英彦山

イワオモダカ

Pyrrosia hastata (Thunb. ex Houtt.) Ching
ウラボシ科

常緑性のシダで短い根茎があり葉はこみ合ってつく。葉身はほこ形で3-5裂し、長い葉柄がある。葉は厚く表面はほとんど無毛で緑色であるが、裏面は同属のヒトツバと同様に灰褐色の星状毛で被われてざらざらしている。英彦山地では犬ヶ岳，英彦山，鷹ノ巣山と広く分布しており，ブナやシオジなどの高さ2-15mに着生している。
分布：北海道-九州
2005.9.25　英彦山

シダ植物 | 211

巨樹・希少木

▶左＝鬼杉。英彦山地での最大木。幹周り989㎝，高さ38ｍ，国指定天然記念物
右＝後家杉。国道500号から県道451号に分かれてすぐの所にある。幹は広い空洞になっている。根元で幹周り894㎝。昔，近くにもう１本巨樹があり夫婦杉と呼ばれていた

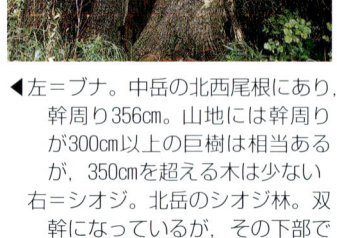

◀左＝ブナ。中岳の北西尾根にあり，幹周り356㎝。山地には幹周りが300㎝以上の巨樹は相当あるが，350㎝を超える木は少ない
右＝シオジ。北岳のシオジ林。双幹になっているが，その下部で幹周り461㎝

▼左＝カツラ。北岳のシオジ林内。左の幹378㎝，右の幹339㎝の２本立ち。ひこばえとして50㎝以上の幹が３本，50－20㎝が６本育っている。１本の巨樹が枯れて現在の姿になったと思われる
右＝オニイタヤ。北岳のシオジ林内。高さ１ｍの所で幹周り447㎝

＊調査中に出合った巨樹や珍しい種類の木をあげた。幹周りは高さ130㎝で測定。山中にはこれらの他にさらに大きな木が多々あると思われる。鬼杉以外の天然記念物指定木は除外した

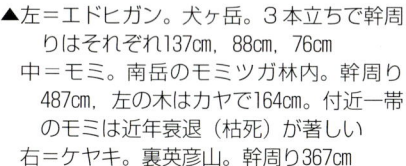

▲左＝エドヒガン。犬ヶ岳。3本立ちで幹周
　りはそれぞれ137cm，88cm，76cm
　中＝モミ。南岳のモミツガ林内。幹周り
　　487cm，左の木はカヤで164cm。付近一帯
　　のモミは近年衰退（枯死）が著しい
　右＝ケヤキ。裏英彦山。幹周り367cm
▶左＝メグスリノキ。北岳のシオジ林内にあ
　　って幹周り239cm
　右＝ヒコサンヒメシャラ。犬ヶ岳。高さ50
　　cmの所で幹周り141cm
▼左＝ミツデカエデ。鷹ノ巣山。3本立ちで
　　幹周りはそれぞれ124cm，60cm，55cm
　中＝イヌザクラ。犬ヶ岳。樹皮は根元はエ
　　ドヒガンに，上部はヤマザクラに似る。
　　幹周り179cm
　右＝ミズナラ。犬ヶ岳，経読林道。幹周り
　　345cm

秋を彩る仲間

ブナ

ベニドウダン

コハウチワカエデ

コミネカエデ

ウリハダカエデ

メグスリノキ

ウリカエデ

タカノツメ

ダンコウバイ	ケクロモジ
シロモジ	オトコヨウゾメ
シラキ	オオカメノキ
ツタウルシ	ゲンカイツツジ

冬の山

英彦山は雪が深く,樹氷もよくつく

▲左＝新雪の中のコナラの幼木。深倉峡
　右＝北岳の山頂より中岳を望む
▶上＝北岳山頂部の樹氷
　下＝中岳から北岳を望む
▼樹氷のついたブナ林。中岳と北岳の鞍部

▲中岳山頂のスギにできた小さなモンスター
◀上＝中岳と北岳の鞍部。1mを超える積雪ではクマイザサは雪の中に倒れ込んで見えなくなる
　中＝中岳より南岳の眺め
　下＝中岳山頂広場のブナ
▼ブナの小枝にできた幅5cmのエビのしっぽ。北岳

1991年の台風被害

9月14日の台風17号に続く9月27日の19号は有史以来の猛烈なもので、神社をはじめ自然が一変するほどの甚大な被害を蒙った。各地の被害状況をできるだけ台風襲来前の状態と対比させてみた

▲奉幣殿に大スギが倒れかかる（1991.10.20）

◀奉幣殿下の参道（1991.10.20）

◀奉幣殿の広場にあった県指定天然記念物の「泉蔵坊杉」（1990.8.12）

▼泉蔵坊杉が倒れ社頭を押し潰してしまった（1991.9.29）

▶豊前坊・高住神社の手水舎と斎館がスギの下敷になったほか、境内のスギの大木が多数倒れた（1991.9.29）

▲表参道行者堂付近の惨状。行者堂は奇跡的に難を免れたが，周囲のスギやブナが多数倒れ，一帯は裸になってしまった（1991.10.20）
◀上＝求菩提神社。求菩提山の山頂に建つ，かつての社殿（1987.5.22）
　下＝求菩提神社。大スギが折り重なって倒れ参道を塞いでしまった（1992.1.5）
▼求菩提神社。強風と倒木により社殿は完全に破壊されてしまった（1992.1.5）

219

▲行者堂前の鳥居。行者堂前から上宮までの参道には，樹齢400－500年のスギの巨木が立ち並んでいた（1989.2.11）

▲スギは全壊し上宮までの参道を完全に塞いでしまった。鳥居も壊れた（1991.10.20）
◀現在の行者堂前の様子

▲千本杉。千本杉は江戸時代に植えられた樹齢300－350年のスギの美林であった（1988.6.5）
▶全滅した千本杉。ほとんどが根元でへし折られた。材は年輪の所でばらばらになったものが多かった（1992.10.11）

▲左＝中岳と南岳の鞍部，南岳への登り口。ブナやホオノキの大木が茂っていた（1990.10.21）
右＝同じ地点から見た南岳の様子。高木はすべて消失した（2004.6.12）
▶行者堂から上宮までのスギの巨木並木が全壊した（1991.10.20）

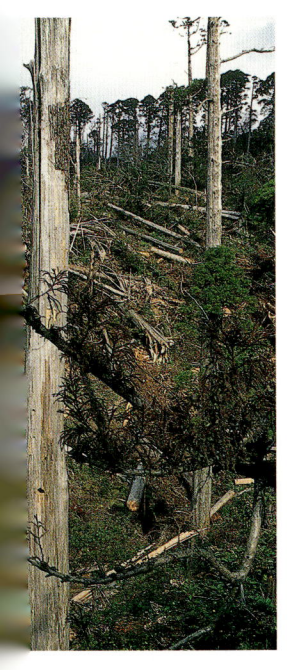

221

▲左＝中岳山頂部はなだらかな地形で，山頂スキー場と呼ばれ，ブナとスギの混ざる林であった（1990.1.28）
右＝樹木の多くは倒れ，残った立木はその後枯れた（1998.10.11）
◀現在の山頂スキー場。全体がクマイザサ草原になった（2008.7.10）
▼左＝中岳と北岳の鞍部付近のブナの倒壊。ブナの根は浅く，互いに根をからませて支え合っていることがわかる（1991.10.20）
右＝ブナの巨木が倒れて登山道を塞いだ（1991.10.20）

▲北岳山頂。山頂の聖域ではブナが倒れ裸になってしまった（1991.10.20）

▲上＝修験道の聖地である玉屋神社の岩場。岩上にはアカマツ，ツガなどの樹木が生えていた（1987.11.1）
下＝樹木をはじめコケ植物まで剝落してしまい，岩上に立つことさえできなくなった（2006.4.7）

▲台風の来る１年前の中岳と北岳の鞍部の美林。直径が90cmを超えるブナの大木が立ち並んでいた（1990.10.21）
▶ブナは倒れたり枯れたりして，大きなギャップができてしまった。今，ここではブナ林を再生させるための活動が行われている（2008.10.25）

ブナ林の再生活動

1998年からブナ林を復活させるための活動を行っている。種子拾い、育苗、植樹、シカ対策など多くの問題のある中で徐々に成果をあげている

▲左＝種子拾い。種子の95％以上が食害虫に侵されるか粃（しいな）であるため、中身の詰まった種子を探すのは大変である。表参道（2002.10.20）
　右＝種子拾い。英彦山青年の家主催行事として。北岳（2006.10.8）

▲左＝ブナヒメシンクイの幼虫に侵された殻斗と出てきた2匹の幼虫（2003.6.12）
　右＝育苗。3－4月上旬に発芽し、1年で約10cmに生長する（2009.9.13）
▼左＝育苗。3年目の苗、高さは約40cmになり、翌年に定植する（2004.8.9）
　右＝北岳と中岳との鞍部で苗を植えたり、木から落ちた種子の発芽を促すため、県自然環境課によりクマイザサが伐採された（2006.10.3）

▲第1回目の植樹。TV局の取材があった。南岳山頂。ボランティアの人たち，田川高等学校の生徒らが参加した（2001.3.18）

▲左＝北岳山頂での植樹。まずクマイザサを刈り，次いで根を掘り除いてから植える（2004.3.28）
　右＝植樹。山の天気は厳しく，これまで雨，みぞれ，積雪，濃霧の日などがあった。北岳と中岳の鞍部（2008.3.30）
▼左＝苗を植えたあと，シカよけのために支柱を立て金網で巻く（2005.3.27）
　右＝北岳と中岳の鞍部のクマイザサの刈られた所。これからは当分ここに苗を植える（2007.5.2）

シカの食害

ニホンジカの食害が極めて深刻な状況になってきた。植生の変化や希少種の絶滅が続いている

▶福智町上野に在住の平元和敏氏が自宅の庭で撮影したもの（2006春）

▲北岳稜線。英彦山では2007年春から稜線上のクマイザサの食害が目立つようになった（2008.9.8）
▼鷹巣原高原スキー場。ススキより優勢であったネザサがシカに喰われ，高さ20cmほどに落ち込んでしまった（2009.10.6）

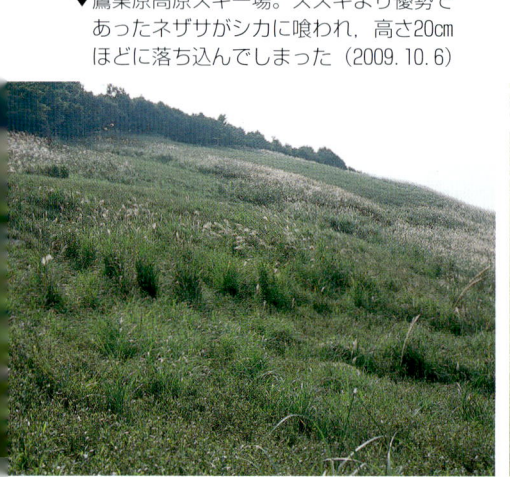

▲北岳山頂のクマイザサ。新葉が喰われササの生長が止まっている。緑色の円筒はブナの苗のシカよけ金網（2008.6.23）
▼岳滅鬼山山頂部。岳滅鬼山では英彦山より早く2004年秋にはクマイザサは喰い尽くされた（2004.5.22）

▲左＝北岳山頂部の聖域。かつてはクマイザサが繁っていたが，今は手入れされた庭園のようだ（2008.9.14）
　右＝犬ヶ岳山地の茶臼山山頂。2000年頃までクマイザサ草原であったが，今は完全に絶滅した（2008.11.4）

▲左＝シオジ林では高さ1.5mまでのディアラインが明瞭で，緑はなく遠くまで見通せる（2008.9.8）
　右＝山ではシカの忌避植物や不嗜好植物ばかりが繁殖している。手前はシカの食べた部分，後方にマツカゼソウ，オクノカンスゲ，ススキなどが残る（2008.8.31）
▶ベニドウダンの被害。中岳稜線部（2006.7.12）
▼シカに樹皮を剥がされたリョウブ。自然木ではリョウブの被害が最も多い（2009.9.7）

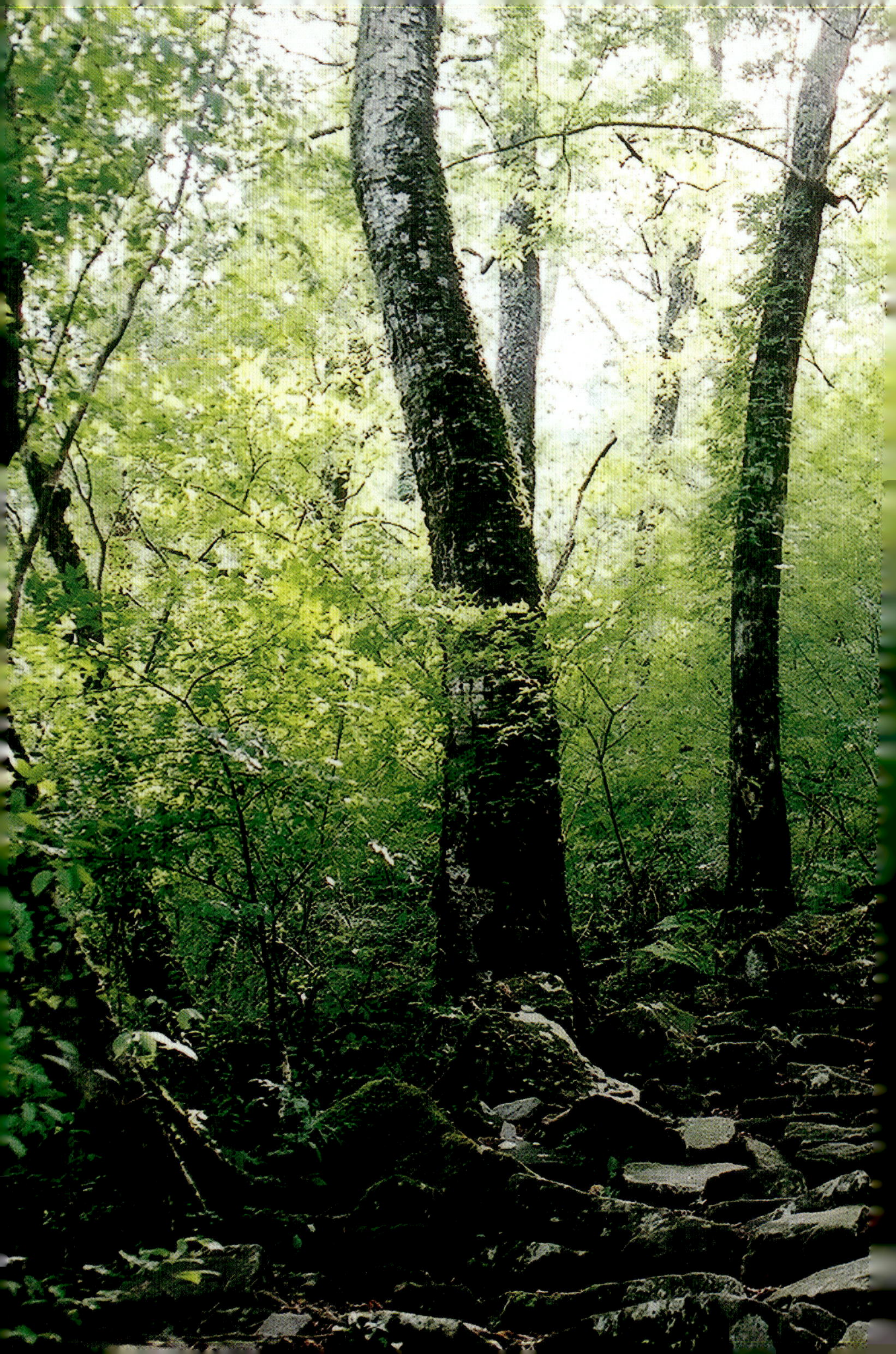

解説・資料編

シオジ林内の急坂（北岳）

英彦山・犬ヶ岳山地の成立

　英彦山地域の成立については木戸道男・英彦山団研グループの数々の研究論文に詳しく述べられている。それらによると，この地域は新第三紀のおもに鮮新世（500－170万年前）から第四紀更新世のはじめにかけての火山活動によって成立したものである。筑豊炭田の石炭は古第三紀に形成されたものであるから，英彦山地が形成されたのは，それよりずっと後のことである。

　英彦山を中心とした地質は英彦山火山岩類，北坂本累層，山国累層，大日ヶ岳火山岩類などに区分される。

　英彦山火山岩類は英彦山の高住神社から北岳山頂への登山道が模式地である。下層は前期鮮新世の火山活動で堆積した高住凝灰角礫岩類や鷹ノ巣山溶岩であり，上層はほぼ同時期の英彦山溶岩，岳滅鬼山溶岩，障子ヶ岳溶岩などで，両者はほぼ水平な地層からなる。

　高住凝灰角礫岩類は高住神社，望雲台，日田市北西端，鷹ノ巣山，犬ヶ岳に分布している。

　英彦山溶岩の模式地は英彦山の奉幣殿から中岳山頂までのいわゆる表参道で，複輝石安山岩の溶岩流である。

　鷹ノ巣山溶岩は一ノ岳北部の急崖をなす複輝石安山岩の溶岩で層の厚さは100mに達する。

　岳滅鬼山溶岩はその山頂部にあって複輝石安山岩の溶岩流である。

　障子ヶ岳溶岩は山体一帯で酸性の複輝石安山岩からなり，山は溶岩円頂丘である。

　火山活動には休止期が認められる。はじめの活動は英彦山の主峰群とその北東側にある鷹ノ巣山で流紋岩類ないしデイサイトの活動に始まり，鷹ノ巣山溶岩で終了した。いったん休止したのち再開した活動は英彦山主峰群はもとより，東側の犬ヶ岳，西側の岳滅鬼山や釈迦ヶ岳へと拡大した。この活動は膨大な量の複輝石安山岩の火砕流類を噴出することに始まり，同質の溶岩流である英彦山溶岩，岳滅鬼山溶岩，障子ヶ岳溶岩などを形成して終了した。

　現在の山体の配列状態や断層，岩脈などから，東北東－西南西方向に雁行状に配列した多くの東西性の裂け目群が噴出口となって，それぞれの山体をなしたと

添田町中元寺からの英彦山。左から北岳，中岳，南岳

考えられている。

　英彦山を中心とした地層は英彦山の主峰群，鷹ノ巣山，黒岩山，障子ヶ岳，岳滅鬼山などの英彦山周辺および犬ヶ岳山地を含む英彦山火山岩類を中心に，この山域の東－南東部の合使，轟，小鹿田などにも広く分布する山国累層や英彦山火山岩類の北側をとり囲む形で，野峠から北坂本，南坂本，深倉さらには小石原に分布する北坂本累層，大日ヶ岳，宝珠山一帯の大日ヶ岳火山岩類などに分けられる。

　英彦山の火山活動が終息して数百万年が経つ。現在の凝灰角礫岩，山国累層，北坂本累層などの火山性の岩石や地層の分布や望雲台，玉屋神社，深倉峡などの大規模な岩場の状況からして，かつての英彦山地の山々は今よりも少なくとも数百mは高かったことが推測される。それが長年月の間に山は削られて低くなり，深い渓谷が刻まれ，奇岩や岩窟を生んだ。その間に植物のなかった火山に地衣類やコケ類が生じ，次いで草本植物が，さらには樹木が生えて，ついには大森林に変わっていった。

　2007（平成19）年，彦山川下流の蔵元橋付近で河川工事が行われた際，多数の埋木が出土した。直径が1mを超える巨木もあった。それらは調べたところブナやミズナラなどのブナ科の落葉広葉樹であった。埋木は特別な検査をしないと年代はわからないが，おそらく数百年前のものと思われた。これらの植物の生える環境は汐井川か深倉川の上流域しか考えられず，かつては一帯にブナやミズナラの大森林のあったことを物語っている。

植物相

　英彦山や犬ヶ岳などを含む英彦山地のうち英彦山と求菩提山，犬ヶ岳一帯の山々は修験者の行場であったために自然が保たれ，手つかずのブナやシオジの天然林が残されている。

　英彦山地に生育している植物の種類は大内準の『彦山植物目録Ⅰ　シダ植物及び種子植物』(1957) によると，銅の鳥居から高住神社を経て山頂に至る北参道と玉屋神社，鬼杉を廻る南参道で囲まれる英彦山の北西側一帯に，一ノ鷹巣や障子ヶ岳の一部を加えた範囲で維管束植物は795種（シダ植物57種，種子植物738種）が記録されている。これに，その後発見された種類や調査の範囲を添田町の岳滅鬼山や釈迦ヶ岳，みやこ町の帆柱山系，築上町の寒田，豊前市の犬ヶ岳や経読岳まで広げた時の種類を加えると英彦山地には1000種以上の植物が生育しているものと思われる。さらにコケ植物は約310種，地衣植物は約70種が記録されている。

　1991年の台風災害以前の植生については『英彦山地の自然と植物』(葦書房，1992) に記した。ここでは現状を簡単に述べる。

植　生

植生概況

　植生は色々な要素によって左右されるが，英彦山地で重要なのは気温，降水量，地形地質である。標高が高く，山の規模が大きいので雨量は県内でも特に多い。

　英彦山では高住神社や県立青年の家などがほぼ標高800mにあり，この付近を境にして植生が明瞭に変化する。すなわち標高800m以下の山麓部は暖温帯（暖帯）気候で，コジイ，アラカシ，ウラジロガシ，ヤブツバキ，アオキなどの照葉樹（常緑広葉樹）とヤマザクラ，ケヤキ，エノキ，イロハモミジなどの夏緑樹（落葉広葉樹）との混交林であるのに対して，800m以上の地域は冷温帯（温帯）気候でブナ，ミズナラ，コハウチワカエデなどの夏緑樹林となる。

　英彦山の標高1100m以上の山頂部の気温は平地よりも数度低く，それは青森

県の平地に相当し、特に冬季には深い雪と樹氷が度々観測され、寒さが厳しい。

英彦山地の魅力は、この夏緑樹林帯にあるブナ林、ミズナラ林、シオジ林、天然ヒノキ林、岩角地植物群落、ツクシシャクナゲ群落などの変化に富む植物群落にある。しかし、英彦山では1991年の台風の襲来により、表参道沿いの「千本杉」が全滅したのをはじめ、ブナ林、岩上の天然ヒノキ林、岩角地植物群落などに壊滅的な被害があり、植生が大きく変わってしまった。今後の回復が懸念されるところである。

日本海側ブナ（上）と英彦山・太平洋側ブナ（下）の葉の大きさの比較

英彦山地のブナ林

ブナは冷涼な気候を好む樹木である。ブナは北海道の渡島半島から鹿児島県の高隈山まで分布しているが、南の地方では当然山の標高の高い所に限られる。ブナは日本海側と太平洋側とで葉の大きさが全く異なり、日本海側ブナは大きく、太平洋側ブナは小さい。英彦山一帯のブナは太平洋型である。英彦山地では標高750m付近から現れるが、主な分布域は1000m以上の地域である。特に英彦山の主稜線一帯ではミズナラをほとんど伴わない原生的なブナ林となっている。

我が国のブナ林はその林床にササ類を伴っているのが特徴であり、日本海側ブナ林にはチシマザサ（ネマガリタケ）、太平洋側ではスズタケが生えるのが一般的である。チシマザサは鳥取県の大山から北海道、サハリンに至る積雪の多い山地に分布しており、スズタケは北海道から九州にかけての積雪の少ない地方に生育している種類である。英彦山ではこれらに代わってクマイザサ（シナノザサ）が生えている。クマイザサは中部山岳地帯、東北の日本海側、山陰地方などにあって、冷涼な気候を好むササであり、南下して英彦山まで分布を広げたものと考えられる。

英彦山地では主稜線一帯のほとんどがクマイザサで占められており、スズタケはあるが、急傾斜地や比較的標高の低い所の一部に分布しているにすぎない。

■表1　英彦山ブナ林組成表

調査地		北岳−中岳 表英彦山側					北岳と中岳との鞍部 裏英彦山側					
標　高　(m)		1190−1100					1090−1080					
方形区番号		1	2	3	4	5	6	7	8	9	10	
出現種数		22	13	17	16	12	13	11	16	11	9	
植物名	階層											頻度
ブナ	T T' S	5	4	5	3	4	5	5	4	4	4	V
クマイザサ	S	5	5	4	4	4	5	5	5	4	4	V
シロモジ	T' S	+	3	5	3	3	3	2	4	1	4	V
コハウチワカエデ	T T' S	1	3	1	2	4	-	2	3	2	1	V
タンナサワフタギ	T' S	2	+	2	2	-	2	2	3	2	1	V
アオハダ	T T' S	-	-	+	+	1	1	2	1	1	1	Ⅵ
イヌシデ	T T'	+	-	2	2	2	-	-	2	-	-	Ⅲ
リョウブ	T' S	+	+	-	-	2	-	2	+	-	-	Ⅲ
クマシデ	T T'	+	3	2	+	-	-	-	1	-	1	Ⅲ
ミズメ	T T'	+	-	-	-	-	-	3	-	-	-	Ⅰ
アオダモ	T' S	2	+	+	1	-						Ⅱ
カマツカ	T' S H	+	+	+	+	-						Ⅱ
オオカメノキ	T' S	+	+	+	-	+						Ⅱ
ベニドウダン	T' S	3	1	-	-	1						Ⅱ
ウリハダカエデ	T'	-	-	+	+	3						Ⅱ
コミネカエデ	T'	2	-	-	-	3						Ⅰ
カナクギノキ	T'	+	-	-	+	-						Ⅰ
コシアブラ	T'	+	-	-	+	-						Ⅰ
フウリンウメモドキ	S	+	-	+	-	-						Ⅰ
ツリバナ	S	-	-	+	-	-						Ⅰ
クロウメモドキ	T'	-	-	-	+	-						Ⅰ
エゴノキ	T' S						1	2	2	1	-	Ⅱ
シキミ	T' S						+	-	2	-	+	Ⅱ
カジカエデ	T						-	-	-	2	-	Ⅰ
アブラチャン	T' S						-	-	-	2	-	Ⅰ
ケヤキ	T						-	-	1	-	-	Ⅰ
マユミ	T'						-	-	1	-	-	Ⅰ

調査年月日：表英彦山側 2008.9.14　裏英彦山側 2007.7.29

方 形 区 番 号			1	2	3	4	5	6	7	8	9	10	
蔓性植物													
ツルアジサイ		T'	+	+	+	+	+	+	+	+	+	+	V
ツルマサキ		T'	+	-	-	-	-	+	-	+	+	-	II
イワガラミ		T'	-	-	+	+	-						I
ツタウルシ		T'	-	-	+	-	-						I
着生植物													
ヤシャビシャク			+	+	-	-	-	+	-	-	-	-	II
タカネマンネングサ			+	-	-	-	-	+	-	+	-	-	II
ウチョウラン								+	+	-	-	-	I
ミヤマノキシノブ			+	-	-	-	-						I
アオベンケイ								+	-	-	-	-	I

高木層（8m以上）＝T　　亜高木層（8－3m）＝T'
低木層（3－1m）＝S　　草本層（1m以下）＝H
被度階級　5：75－100%　　4：50－75%　　3：25－50%
　　　　　2：12.5－25%　　1：6.25－12.5%　　＋：6.25%以下
頻度階級　V：80－100%　　IV：60－80%　　III：40－60%
　　　　　II：20－40%　　I：20%以下

■ 高木の毎木調査（胸高周囲cm）
方形区No.1　ブナ11本(198, 190, 136, 135, 120, 101, 98, 91, 82, 70, 64　ほかに枯木2本)，アオダモ1本(99)，コハウチワカエデ1本(120)
　　　No.2　ブナ11本(196, 150, 145, 121, 103, 90, 85, 75, 75, 72, 68　枯木2本)
　　　No.3　ブナ5本(285, 180, 180, 142, 90)，イヌシデ2本(126, 120)，クマシデ1本(138)，コハウチワカエデ1本(201)
　　　No.4　ブナ8本(209, 200, 196, 170, 168, 121, 115, 104　枯木2本)，イヌシデ2本(89, 88)，コハウチワカエデ1本(96)，クマシデ1本(90)
　　　No.5　ブナ3本(192, 181, 136)，コハウチワカエデ3本(176, 137, 108)，イヌシデ1本(145)
　　　No.6　ブナ7本(250, 191, 191, 165, 125, 110, 108　枯木2本)
　　　No.7　ブナ7本(204, 199, 151, 146, 141, 106, 93)，ミズメ1本(46)，コハウチワカエデ1本(130)，アオハダ2本(70, 44)
　　　No.8　ブナ5本(221, 220, 171, 165, 138)，コハウチワカエデ1本(82)，イヌシデ1本(155)，クマシデ1本(70)，ケヤキ1本(79)
　　　No.9　ブナ9本(220, 200, 150, 140, 140, 120, 120, 101, 79)，カジカエデ1本(120)，コハウチワカエデ1本(116)，アオハダ2本立(70, 60)
　　　No.10　ブナ4本(181, 163, 163, 129　枯木1本)，コハウチワカエデ1本(106)

ブナ林の調査地．中岳と北岳
との鞍部南東側斜面の様子

▶ブナ−クマイザサ群落

　表Ⅰは英彦山のブナ林の組成表である。植生調査は県立田川高等学校の生物部員の指導を兼ねて北岳から中岳にかけての稜線の両側で行った。2007年7月29日に北岳と中岳の鞍部の裏英彦山側南東斜面で，2008年9月14日に北岳から中岳にかけての表英彦山側北西斜面で，それぞれ5カ所に20×20ｍの方形区（コドラート）を設定し，被度，樹高，胸高周囲などを記録した。両斜面とも1991年の台風の被害をあまり受けなかった部分を選んだ。

　英彦山のブナ林を構成する種類は少なく，1方形区あたり9−19種（樹上の着生植物を除く）であり平均13.3種であった。表英彦山側に現れた種類は25種で1方形区当たり平均15.8種，裏英彦山側では18種で1方形区当たり10.8種で表側の方が多くなっている。両側に共通して現れた種類はブナからミズメまでの10種と蔓性植物の2種だけであった。

　このようにブナ林に種類の少ないのは高さが2ｍを超えるクマイザサが密生していて他の植物の発芽・生育を阻害しているためである。高木層ではブナに所々でコハウチワカエデが加わって樹冠を形成しており，ミズメ，アオハダ，エゴノキ，クマシデ，イヌシデなどが高木第2層にわずかに見られる。亜高木層の優占種はシロモジで，それにタンナサワフタギが続く。低木層は全面がクマイザサで埋まっており，そこから頭を出す形でシロモジ，タンナサワフタギ，リョウブなどが存在する。表英彦山側の方形区は稜線に近かったためにベニドウダン，コミネカエデ，オオカメノキが出現した。裏英彦山側では唯一，常緑樹のシキミが比較的多く見られた。

　10カ所の方形区の中ではブナは99％以上が高木であり，亜高木は第4方形区に1本，低木は第1方形区に1本あっただけで，英彦山では亜高木以下のブナはほとんど育っていない。高木のブナは高さ12ｍから30ｍまでであったが，20ｍから30ｍまでのものが76％を占め，高木層の第2層に位置するブナもほとんどな

いのが現状である。したがってブナが枯れたり倒れたりするとそのギャップを埋めるブナは存在しないし他の樹種もない。英彦山のブナ林は全く危機的な状態にあるといわざるをえない。

　ブナやコハウチワカエデの幹にはよくツルアジサイ，ツルマサキ，イワガラミ，ツタウルシなどの蔓性植物がのぼっている。ツルアジサイはすべての方形区に現れた。また，それらの樹上にはヤシャビシャク，タカネマンネングサ，ウチョウラン，ミヤマノキシノブ，アオベンケイ，時にはサイゴクイワギボウシやフガクスズムシソウなどが着生している。

　英彦山地のブナ林は西南日本型であり，植物社会学的にはブナ－シラキ群集に分類されているが，シラキは英彦山にはごく少数しか存在しない。

▶ブナ－ツクシシャクナゲ群落

　乾燥した狭い稜線や岩場などのクマイザサの入り込み難い環境にはツクシシャクナゲが生育している。最も顕著な場所は犬ヶ岳山頂から三ノ岳（大日岳）・笈吊峠を経て茶臼山に至る稜線部で，この一帯は「犬ヶ岳ツクシシャクナゲ自生地」として国の天然記念物に指定されており，その中心は大日岳である。ここ以外にも英彦山地には障子ヶ岳や裏英彦山などに大きな群落があり，望雲台，岳滅鬼山，北岳，経読岳などにも多い。

　ツクシシャクナゲの生える岩場では高木層にブナ，ミズナラ，リョウブ，アカガシ，アオハダなどに加えてツクシシャクナゲ－ブナ群集の標徴種であるコミネカエデの常在度が高く，亜高木層にはタンナサワフタギを中心にリョウブ，コハウチワカエデ，オオカメノキ，ベニドウダン，ネジキ，タカノツメなどが出現する。低木層は高さ１－３ｍのツクシシャクナゲが優占し，ハイノキやソヨゴなどが混じる。草本層もツクシシャクナゲで占められているが，ツルシキミやシコクママコナの常在度も高い。

　1991年，犬ヶ岳から笈吊岩までの稜線では過去に行われた大分県側の樹木の伐採の影響で福岡県側のブナの多くが枯れたり弱っていた。そこに大型台風が来たため残りのブナやミズナラがほぼ全滅してしまった。樹下にあったツクシシャクナゲは直接に日を受けることになり葉が変色したり，枯れ木も続出した。現在はだいぶん落ち着いた感があるが，将来を心配して植樹も行われている。

解説・資料編 237

▶その他のブナ林

　ブナ林の中には林床にクマイザサもツクシシャクナゲもあまり生えない岩場がある。そのような所では多くの植物を見ることができる。

　中岳の北東斜面の標高1150m付近はかつて直径80cm（樹齢230年）の天然スギのまばらに生える岩場であったが，1999年の大型台風18号の直撃を受けて倒れてしまい，今では高さ8mあまりのブナやミズナラなどと共にヤマグルマ，ベニドウダン，ヒコサンヒメシャラ，コミネカエデ，コハウチワカエデ，ウリハダカエデ，タンナサワフタギ，リョウブ，マンサク，シラキ，オオヤマレンゲ，ツクシシャクナゲ，シロモジ，ツリバナ，オオカメノキ，ツクシヤブウツギ，ウラジロノキ，カナクギノキ，ウスゲクロモジ，オトコヨウゾメ，ナンキンナナカマド，コツクバネウツギなどのブナ帯特有の亜高木や低木のほか，草本層にはツルシキミ，コガクウツギ，クマイザサ，シコクママコナ，シシガシラ，ヤマカモジグサ，ササガヤなどが生育している。

▶ブナ林の代償植生

　ブナ林は山火事にあったり，伐採地を放置したりすると，そこには元のようなブナ林が甦ることはなく，ミズナラ林やイヌシデ林になるといわれている。再生された林は代償植生と呼ばれる。英彦山地では代償植生と思われる所として，ミズナラ林では鷹ノ巣山の一ノ岳や犬ヶ岳山系の一ノ岳一帯，経読岳の一部などがあり，イヌシデ林は表参道の北側にある稜線上や障子ヶ岳の山頂部などにある。

シオジ林

　北岳から中岳にかけての稜線の北側には大小5つの谷が並んでいる。シオジ林は，それらの標高850mから1000mの範囲にあって，県下で最も面積が広い。特に中央の谷から北方の望雲台までの林がすぐれている。いずれの谷も上方にあった安山岩が崩落して累積した地形になっており，谷間は空中湿度が高く，岩の表面は分厚いコケ植物に被われており，ミヤマクマワラビを中心にシダ植物も多い。シオジはそのような環境によく生育する樹木である。

　シオジは高さ20－30mあって真っ直ぐに伸びており，中には直径が90cmを超える巨木もある。高木層にはシオジのほかにサワグルミ，イタヤカエデ，カジカエデ，ウリハダカエデ，ケヤキ，ミズメ，珍しい種類にカツラやメグスリノキなど

左：早春の明るいシオジ林内と周囲405cmのシオジの巨木
右：夏のシオジ林の様子

がある。亜高木層にはチドリノキやツリバナが多くあり，ほかにヒナウチワカエデ，ヒコサンヒメシャラ，アブラチャンなど，低木層にはケクロモジ，オオカメノキ，モミジウリノキ，サイコクガマズミなど，草本層にはミヤマクマワラビ，サイゴクイボタ，サワダツ，ハナイカダ，ヤマアジサイ，イワガラミ，ヤマシャクヤク，ジュウモンジシダなどがあって，植物社会学的にはシオジ－ミヤマクマワラビ群集に属する。シオジの林床は所によりツクシシャクナゲやフジシダの群落になっている所がある。コケ植物の中にはコミヤマカタバミやワチガイソウなどの希少種が生育している。また，シオジの樹上にはイワガラミやツルアジサイが上っているほか，イワオモダカやシノブなどが着生している。

岩角地植物群落

本山地の山岳景観の特徴は岩場にある。岩石の大半は凝灰角礫岩であり，大小の礫を火山灰が固めてできた岩，いわば火砕流の固まってできた岩である。岩は長い年月の風化・浸食により多様な地形を生み出している。規模の大きいのは深倉峡や豊前市の竜門峡であり，玉屋神社一帯や望雲台などがそれらに次ぐ。また，小規模な岩場は枚挙にいとまがない。周囲が崖になった高く聳える岩が多いので岩の上に立つには非常な危険が伴う。

岩角地植物群落。岩場に適応した数多くの植物が生える

　岩上の植生の遷移はまず地衣類やコケ植物に始まる。これらが長年月生えることにより表土が形成され，そこに高等植物が生えてくる。岩上の環境は直射日光，乾燥，強風，貧栄養などにより，植物にとっては最も厳しい所であり，生育できる植物の種類は限られる。旱魃で枯れることも多く，また，台風の風雨により長年月かけて形成された植生が表土ごと剥がされて滑落してしまい，植生の遷移が振り出しに戻ってしまうこともしばしばである。1991年の台風で植物が表土ごと掻き落とされてしまった玉屋神社の岩場では18年以上経つ現在でもまだ地衣類も甦っていない状態である。

　岩上の植生は岩の規模，形状などにより異なり同じものはないが，ここでは植物の遷移の段階を考慮して本山地に見られる岩場を3つに分類してみた。

［第1段階］
　高さ1－3cmの低い地衣植物とコケ植物が地面を被っており，維管束植物のあまり生育していない岩場。

　岩上のわずかなくほみに小さな株のススキがあり，ほかにタチツボスミレ，シコクママコナ，ホソバヒカゲスゲ，イワヒバ，小さなゲンカイツツジなどの見られる岩場で時にツメレンゲの生える岩もある。岩の肩や上方の壁にはツタ，セッコク，イワヒバ，カタヒバ，シノブ，ミツデウラボシ，ヒトツバなどが生え，マメヅタランの生える岩もある。

　深倉峡，玉屋神社付近，二ノ鷹巣など。

［第2段階］
　遷移のやや進んだ岩場でアカマツ，キハギ，ゲンカイツツジなどの低木の生える岩場。

これらの種類のほかにサイゴクイワギボウシ，ネジキ，ソヨゴ，ヤマツツジ，イワガサ，マルバアオダモ，イソノキなどが生える。岩下からツタやイワガラミが這い上がっていることが多い。

玉屋神社，竜門峡，深倉峡などの岩場の一部。

[第3段階]

樹木が生長し，階層構造の見られる岩場。地面には腐葉土が堆積している。ちょっとした環境の違いから優占種がアカマツであったり，天然ヒノキであったりする。高木はアカマツ，ヒノキ，ツガ，ブナ，ミズナラ，ヤシャブシ，タカノツメ，ヤマグルマなど，亜高木はベニドウダン，オオヤマレンゲ，コミネカエデ，マンサク，タムシバなど，低木はツクシシャクナゲ，コバノミツバツツジ，ナツハゼ，ナンキンナナカマド，ゲンカイツツジ，ホツツジなどで，岩陰にはヒカゲツツジやオサシダが見られる所がある。地面にはアクシバやシコクママコナなどのほか高さ5－10cmの地衣やコケ植物が生える。

望雲台，竜門峡，障子ヶ岳の一部など。

モミ・ツガ林

鬼杉のある谷筋は概ね200年以上の古いスギの林であり，十字路付近や千丈ヶ鼻付近には500－800年の巨木も多数散在している。谷の北側の一部と南側の広い地域には原生的なモミ・ツガ林が存在している。モミ・ツガ林は暖温帯の最上部に発達したものであるため，林の中には照葉樹と夏緑樹がほぼ半々に生育している。ツガは岩上に，モミは岩下や平地に生えることが多く，地形的な住み分けが見られる。

ここでは1991年の台風被害以前から枯死するモミが増え，白骨樹が目立つようになった。枯れる原因としては食虫害や酸性雨などが考えられるが，はっきりしたことは分からない。

かつて，野峠から一ノ岳に向かう稜線上にもすぐれたモミ林があったが，1991年の台風の直撃を受けてほぼ壊滅した。

アカマツ林

かつて，岩場の多い本山地では至る所にアカマツが生え，岩に松という景観があった。しかし，それらはマツノザイセンチュウ（松喰虫）の大発生により次々

に枯れ，大木を見ることはほとんどなくなった。現在でも残ったアカマツが枯れ続けている。豊前市の竜門峡にあった岩上のアカマツ林は1991年の台風でほぼ壊滅した。

英彦山の銘花

　英彦山の古老に英彦山の銘花を尋ねると，オオヤマレンゲ，ツクシシャクナゲ，ベニドウダンの3種をあげたものである。いわゆる英彦山の三大銘花である。ここではさらにヒコサンヒメシャラ，ゲンカイツツジ，ナツツバキ（シャラノキ）を加えておきたい。

　オオヤマレンゲはモクレン科の低木で上部林内，特に岩の多い所にあって10数本が確認されているが，県内唯一の生育地であり，希少種の代表である。大分県では由布岳，祖母山，傾山，黒岳など約10山に生育している。修験道で名高い奈良県の大峰山系では弥山から八剣山一帯の100haに大群落があり，国の天然記念物に指定されており，国の銘花でもある。6月上旬から中旬にかけて白色で芳香のある清楚な花をつける。英彦山で一般の人が間近に見ることのできる木は表参道上部の行者堂の前と北岳の溶岩の壁の直下などにある。

　ツクシシャクナゲは紀伊半島，四国，九州に分布する襲速紀要素の植物でシャクナゲの仲間では花が特に美しいといわれている。犬ヶ岳山地の大日岳一帯の群落は「犬ヶ岳ツクシシャクナゲ自生地」として国の天然記念物に指定されている。大日岳や茶臼山付近では高さが3mを超え，登山者はこの木のトンネルの中を歩く。幹の直径が10cmを超える大径木も多くあり，岩場では地面を這った形のものが多い。北岳や障子ヶ岳などにも隠れた群落があり，全山の岩場の至る所で見ることができる。数年に1度豊作になるといわれるが，間隔は一定しておらず，2005年，2006年のように連続して咲くこともある。山での開花期は5月5日から15日のことが多い。花は開く前は濃いピンク色，開いて時間と共に淡くなる。群生のものもよいが，ブナ林の中でひっそりと咲く姿もなかなかよいものである。犬ヶ岳には昔，白花品があったようで山麓の民家にはそれが保存されている。

　ベニドウダンは稜線好みのツツジである。ブナ林には直径15cm，高さが4mに達するものがある。ふつうのツツジと違って小さな花がかんざしの形に集まって垂れ下がる。花の色は濃赤色のものから白色に近いものまで様々で，個体によって異なる。濃色花は中岳山頂，中岳の北岳側斜面などにある。純白のものはシロ

(左上から時計回りに) オオヤマレンゲ，ツクシシャクナゲ，ヒコサンヒメシャラ，ゲンカイツツジ，ナツツバキ，ベニドウダン

ドウダンと呼ばれ，北岳の鎖場上方などにあるが数は少ない。花期は5月下旬から6月上旬であるが，花の終わり頃，落ちた花が登山道を埋める光景があちこちで見られる。

　ヒコサンヒメシャラは高等植物では唯一，「英彦山」の名をもつ植物である。英彦山の標本をもとに命名された。落葉性のツバキ科の植物で幹はサルスベリに似て橙色ですべすべしている。大きい木では直径30cm，高さ8mくらいになる。ブナ林よりもシオジ林に多く見られ，谷間を好む樹木といえる。6月上旬に直径10cmあまりの白い花をつける。

　ゲンカイツツジは岩場に生える小低木である。明るい乾燥した岩場を好み，英

彦山地には全域に分布しているが，玉屋神社一帯，望雲台，二ノ鷹巣，豊前市竜門峡などに多く生育している。朝鮮半島との繋がりの深い大陸系の植物である。早春の3月下旬頃に葉より先に赤紫色のきれいな花を木いっぱいにつける。若枝や葉柄などに毛があるが，無毛のものはカラムラサキツツジとして区別される。東峰村の岩屋神社の群落は県指定の天然記念物となっている。

　ナツツバキはヒコサンヒメシャラと同様に落葉性のツバキで，最近は庭木として植えられることが多い。ヒコサンヒメシャラが中高木であるのに対し，ナツツバキは高さが15m以上になる高木で，稜線部を好む。樹皮は灰褐色で点々と灰白色の剥がれ落ちた跡を残している。アカガシなどの高木と混生していることが多いので見過ごしやすく，落ちた花を発見してはじめて存在に気づくことが多い。経読岳の東側でまとまって見られる以外は数は少なく，茶臼山には大径木があったが1991年の台風で倒れた。ナツツバキは英彦山にはもともと少ない。

希少植物

　今回の調査範囲である英彦山地，犬ヶ岳山地および東峰村などの範囲から絶滅のおそれのある種類として『福岡県の希少野生生物　福岡県レッドデータブック2001』にあがっている維管束植物は117種に及ぶ。カテゴリー別では絶滅危惧ⅠA類に，ゴヨウマツ，タチゲヒカゲミズ，オオヤマレンゲ，ミスミソウ，ツメレンゲ，ヤシャビシャク，センダイソウ，メグスリノキ，ヒカゲツツジ，アオホオズキ，ソバナ，ヒメシャガ，サルメンエビネ，ウチョウランなど41種，絶滅危惧ⅠB類に，ヒメウラジロ，オサシダ，ルイヨウボタン，フタバアオイ，ヤマシャクヤク，シモツケソウ，レンゲツツジ，オニコナスビ，オオキヌタソウ，ヤマウツボ，モミジハグマ，ナガバノコウヤボウキなど23種，絶滅危惧Ⅱ類にワチガイソウ，クロフネサイシン，ウンゼンマンネングサ，クロクモソウ，ヤマブキショウマ，イワガサ，コミヤマカタバミ，シコクスミレ，ホソバナコバイモ，マメヅタランなど27種，準絶滅危惧にヒコサンヒメシャラ，シモツケ，ゲンカイツツジ，ハシリドコロ，ミツバテンナンショウなど7種，情報不足として，イヌブナ，ウメガサソウ，ミヤマナミキ，ヒトツボクロ，キバナノショウキランなど19種である。これらのうち環境省のレッドデータブックに記載されているものは32種である。情報不足種はその所在が確認されれば絶滅危惧種として取り扱われるものである。情報不足種のうち2001年以降の調査で生育が確認できた種類にイヌブナ

（左上から時計回りに）コケミズ，センダイソウ，タチゲヒ
カゲミズ，クロフネサイシン，クマガイソウ，シモツケソウ

（ブナ科），キハギ（マメ科），ウメガサソウ（イチヤクソウ科），ミヤマナミキ（シソ科），アキザキヤツシロラン，ヒトツボクロ，キバナノショウキラン（以上ラン科）などがある。福岡県のレッドデータブック2001には入っていないが，英彦山地にもともと希少であったり，絶滅が危惧される種類として，次のようなものがあげられる。

　ツツジ科：サイゴクミツバツツジ／ヤマゴボウ科：ヤマゴボウ，マルミノヤマゴボウ／キンポウゲ科：イチリンソウ，エンコウソウ，セリバオウレン／ケシ科：ヤマブキソウ／バラ科：イヌザクラ，シデザクラ，ツルキンバイ／マメ科：サイカチ，ハネミイヌエンジュ／アワゴケ科：アワゴケ／ニシキギ

科：クロヅル／カエデ科：ミツデカエデ／シソ科：ニシキゴロモ／キク科：メタカラコウ／ユリ科：ミヤマナルコユリ，チゴユリ／イチヤクソウ科：ギンリョウソウモドキ／ラン科：ギンラン，カヤラン，マツラン，アケボノシュスラン

これまでに記録がなく生育の確認のできた種類にラン科のシロテンマがある。

福岡県では現在，福岡県のレッドデータブック2001の見直しを行っている。それによりカテゴリーが変更になる種類が出てくるため本著では国の絶滅危惧種のみをあげた。

英彦山地に多い樹木の仲間

夏緑樹林の植物群落を形成する重要な樹種はブナとミズナラであるが，小規模には天然ヒノキ，イヌシデ，モミ，ツガなどがあり，人工的にはスギが圧倒的に多く，ヒノキは少ない。

英彦山地の樹木を科別に，種類数，個体数，被度の割合などで見ると，カエデ科，ツツジ科，クスノキ科などが多い。

カエデ科にはイロハモミジ，オオモミジ，コハウチワカエデ，ヒナウチワカエデ，ウリカエデ，ウリハダカエデ，コミネカエデ，テツカエデ，チドリノキ，カジカエデ，オニイタヤ，メグスリノキ，ミツデカエデなどがある。

コハウチワカエデはブナ林内，ヒナウチワカエデはシオジ林内，ウリカエデは岩場，コミネカエデは稜線部，チドリノキ，カジカエデ，オニイタヤは谷間に生えることが多い。コハウチワカエデ，ウリハダカエデ，テツカエデ，カジカエデ，オニイタヤ，メグスリノキ，ミツデカエデなどは高木になる。イロハモミジ，ヒナウチワカエデ，コミネカエデ，チドリノキなどは小高木であることが多い。

ツツジ科の植物は一般に岩場などの乾いた場所を好む。ホツツジ，ゲンカイツツジ，カラムラサキツツジ，ヒカゲツツジ，バイカツツジ，ヤマツツジ，サイゴクミツバツツジ，コバノミツバツツジ，レンゲツツジ，ツクシシャクナゲ，ベニドウダン，シロドウダン，アセビ，ネジキ，ナツハゼ，ウスノキ，アクシバなどがあり，犬ヶ岳のツクシシャクナゲの群落は国指定の天然記念物，ホツツジ，ヒカゲツツジ，バイカツツジ，レンゲツツジは希少種で個体数も少なく福岡県の絶滅危惧種に指定されている。サイゴクミツバツツジの生育地はごく限られている。

クスノキ科の樹木にはカナクギノキ，ヤマコウバシ，ダンコウバイ，ケクロモ

ジ，ウスゲクロモジ，ヒメクロモジ，アブラチャン，シロモジなどがあり，全体として個体数が多い。カナクギノキを除いては低木で木立の中に生える。ダンコウバイは岩の多い所に生えるが，個体数が少なく，福岡県の絶滅危惧種である。ケクロモジは標高の低い所に，ウスゲクロモジは標高の高い所に生える傾向がある。アブラチャンは土壌の不安定な場所で群落をつくることが多い。標高の低い所にはシロダモ，カゴノキ，ヤブニッケイなどの常緑樹が見られる。

森のいとなみ ── 自然観察

植物の四季

　英彦山のような標高の高い夏緑樹林をもつ山では四季の変化をはっきりと感じとることができる。3月下旬，山上にはまだ雪が降ったり樹氷がついたりする頃，マンサクやタムシバの花が春の到来を告げる。岩場にはゲンカイツツジが一面に咲く。標高700–800mではホソバナコバイモ，イワネコノメソウ，サバノオ，ユリワサビ，ハルトラノオなど高さ10cm未満の小さな草花が落葉の中から次々に顔を覗かせる。これらの植物は体が小さいのでよほど注意しないと気づかないものである。4月になると標高800m付近でケクロモジ，シロモジ，アブラチャンなどの低木が黄色の小さな花をつけ，高木ではヤマザクラが開花する。ヤマザクラは開花と葉の展開が同時である。遠くからでもそれとすぐわかるので，これを見ると春がどの高さまで上っているかを知ることができる。シオジや稜線部のブナが葉を広げるのは5月の連休前である。4月中旬，シオジ林内はまだ明るく，ミツバコンロンソウ，フウロケマン，ヤマネコノメソウ，タチネコノメソウなど，所によってはハシリドコロの花が見られる。下旬にはラショウモンカズラ，コミヤマカタバミ，ワチガイソウ，ヒメエンゴサク，フデリンドウ，シコクスミレ，エイザンスミレ，ヤマウツボ，ジロボウエンゴサク，コガネネコノメソウ，シロバナネコノメソウ，ミツバテンナンショウ，マムシグサなどの開花が日めくりのようにどんどん増していく。下部で開花の終わった種類は山を登れば上方で見ることができる。4月下旬から5月上旬頃，背丈の少し高いルイヨウボタンやヤマシャクヤク，岩壁ではヒカゲツツジやコバノミツバツツジ，上部林内ではオオカメノキの花が咲く。英彦山地の名花の1つであるツクシシャクナゲの開花は例年

5月10日頃である。

　夏は緑の季節。標高が高いので低地より気温は5－6度低く，木陰は涼しい。一般に植物は春と秋に花をつけるため，山地でも7月下旬から8月までの間は花の咲く種類が少なくなる。それでも英彦山では7月にアカショウマ，ヤマブキショウマ，キツリフネ，タマガワホトトギス，ヤマアジサイなど，8月にはクサアジサイ，ノリウツギ，イワタバコ，モミジガサ，ヤマホトトギス，サイゴクイワギボウシ，オオキツネノカミソリなどの花に出合える。食べられるアケビやサルナシなどの果実は8月下旬には熟す。

　秋は稔りと紅葉の季節。紅葉に先立って9月下旬から10月にかけて，参道を一巡するとツリバナ，マユミ，フウリンウメモドキ，オトコヨウゾメ，イチイ，マムシグサなどの果実や種子が目につく。

　紅葉は英彦山では10月10日頃に山頂や稜線部のブナやコハウチワカエデに始まり，月末には標高800mの高住神社の高さまで駆け下りてくる。紅葉の鮮やかさは日当たり具合や気温が夜間にどれだけ下がるかなどによって決まるので，年によって程度は異なる。

　秋に夏緑樹の葉が色づくことは「もみじ」というべきかもしれない。この「もみじ」には大別して紅葉と黄葉がある。イロハモミジ，コハウチワカエデ，ベニドウダン，ツタウルシ，シラキ，ヤマハゼなどは紅葉し，オニイタヤ，ケクロモジ，シロモジ，タカノツメなどは黄葉する。

　紅葉は光合成で作られた糖が細胞内の液胞で赤い色素のアントシアニンに変化した結果であり，黄葉は葉緑体にもともと含まれていた緑色のクロロフィル系とカロテノイド系の色素のうちクロロフィル系の色素が壊れ，カロテノイド系色素だけが残って現れる。しかし，ブナ，ミズナラ，ケヤキなどは条件がよほどよければ紅葉するが，ふつうは紅葉でも黄葉でもない中間の色に変色することが多いし，アブラチャンは全体の色素が抜けて白色に近い状態になることが多い。紅葉の季節は1本の木でも日当たりと風当たりの具合により部分的に色づきが異なり見て楽しいものである。

　冬は雪と樹氷の季節。上部夏緑樹林帯ではヤマグルマ以外は緑の木はなく，すべて落葉して静かに春を待つ。約6カ月間の冬眠である。

　英彦山には雪がよく積もる。土地の人は，昭和30年代までは雪が降ればカマクラをつくってよく遊んだものだが，最近はそれほど降らないと言う。それでも

2005年，2006年，2010年はよく降った。積雪は山頂部で1mを超え，ブナの林床に生える高さ1.5−2mのクマイザサは全く見えなくなることが度々あった。また雪とは別に夜半の気温の低下で度々山頂部のブナやスギに樹氷の花が咲く。しかし樹氷は天気がよいと10時頃には気温が上がり落ち始めるので，それまでに山頂に立たねばならない。冬の英彦山は車はチェーン，登山にはアイゼンが必要である。

スプリングエフェメラル

spring ephemeralとは早春に夏緑樹林の木々の緑が森を被いつくすまでの間，林床にあって花をつける小さな植物たちをいう。小さな体と花の可憐さゆえに「春の妖精」とか「春草」などと訳されている。ephemeralの語意は「はかない命の」とか「つかのまの」ということであるから，早春に開花し，種子をつけ，他の植物よりも早く1年を終えるような植物ということになるだろう。一般的には英彦山にはないがカタクリ，フクジュソウ，セツブンソウなどがあげられる。

早春の夏緑樹林では光線が林床までよく届き，低地の照葉樹林と比べて格段に明るい。その日射しと落葉のぬくもりの中で春の妖精たちは目を覚ます。英彦山でそれにふさわしい種類はホソバナコバイモ，サバノオ，ヤマウツボ，ミツバコンロンソウ，ワチガイソウ，ツクシサワギキョウ，フウロケマン，ヒメエンゴサクなどである。背丈がもう少し高く30−50cmであるが，早春に開花して，ほかの植物よりも早く1年を終えるものにハシリドコロ，イチリンソウ，ヤマシャクヤク，ルイヨウボタン，ツクバネソウなどがある。オオキツネノカミソリはヒガンバナ科の植物で花は7−8月に咲くが，早春には葉が繁っている。葉は6月には枯れてなくなっ

スプリングエフェメラル3種。(上から) ホソバナコバイモ，ハシリドコロ，イチリンソウ

てしまうので，一応この仲間に入る。また，茎葉は枯れないものの，春の妖精たちと同じ時期に開花するものとして，コミヤマカタバミやネコノメソウ，イワネコノメソウ，シロバナネコノメソウなどのネコノメソウの仲間，ハルトラノオ，ラショウモンカズラ，さらにシコクスミレ，エイザンスミレ，コタチツボスミレなどのスミレの仲間，ヤマルリソウなどがある。

思いやりと協調

　山全体としては春は山麓から山頂に向かって上がっていくが，林内の一定の場所に佇んで観察してみると，また違った現象が見えてくる。林内には春はまず地表に咲く春の妖精たちによってもたらされる。次いで中間層の樹木へ，さらには高木へと段階的に上がっていくことがわかる。

　シオジ林の場合，ミツバコンロンソウ，ヒメエンゴサク，フウロケマンなどの春の妖精の咲く3月下旬から4月上旬には亜高木や高木はまだ冬眠の状態にある。地面の草本植物の開花を見届けてのち，低木のケクロモジ，アブラチャン，シロモジなどが開花するが，葉の展開はまだ後になる。その間に地面の草本は結実する。低木が開葉すると次に亜高木のヒナウチワカエデ，チドリノキ，ツリバナ，ヒコサンヒメシヤラなどが開葉し，最後に高木のシオジ，サワグルミ，ミズメなどの葉が開く。それは5月上旬にである。

　上層の樹木が先に葉を広げれば下層の植物には光が当たらなくなり生育することができない。夏緑樹林内の樹木にはそのことが十分に理解されているようであり，下層の植物への気配りが感じられる。下層から上層に向けて順番に葉を広げ，開花し，結実することによって夏緑樹林内では多様な植物の生育が可能になっている。自然界はよくできているものである。

　英彦山のような天然林ではその林の断面は高木層，亜高木層，低木層，草本層，コケ層の5層に分けて捉えることができ，階層構造と呼ぶが，林の中では各層の植物は互いに有機的に連係しており，林内の風力を弱めたり，気温や空中湿度，地中の湿気を保持するなどの働きをして，安定した環境をつくりだすためにそれぞれが機能し合っている。早春に下層の植物から順番に光を分配する働きはその植物社会にとって最も大切なことである。

　高木同士の支え合いも見られる。1991年の大型台風で北岳と中岳の鞍部のブナ林で1本のブナが倒れたあと，それを中心に周囲のブナが枯れる現象が見られ

た。最初のブナが倒れてできたギャップから林内に風が吹き込み、環境が変わったためと思われる。今でもさらに枯れたり、倒れたりしてギャップが大きくなっている。

なお、シイ、カシ、タブなどの照葉樹林では新葉が開葉した後に前年の古い葉を落とすので、林床へは年間を通して光が届かず、そのために林床にはわずかな植物しか生育していない。夏緑樹林とは全く対照的である。

周囲111.5cm、樹齢80年のブナ

ブナの樹齢についての一考察

「このブナの樹齢はどれくらいですか」とよく聞かれる。正確には幹の断面で年輪を数えてみないとわからないものであるが、立木を見ておおよその樹齢は答えたいものである。ここでは表参道に倒れた2本のブナについての調査結果をあげる（表2）。

No.1は中津宮近くの標高980mの大きな岩の上部に生えていたものであるが、2004年9月7日に襲来した台風18号により倒れ、表参道を塞いだために取り除かれた。幹はほぼ円形で、胸高周囲は111.5cm、樹齢は80年であった。

この台風18号による大雨で英彦山神宮の下宮の斜面で土砂崩れが起き、土砂が奉幣殿に押し寄せたため、社殿の後方の柱が40－50cmずれるという大災害があった。

No.2は表参道の標高990mにあった木で、1991年の台風17号と19号により傷み、2000年頃に枯れたものである。幹はそのまま立っていた

■表2　ブナの生長

	No.1	No.2
測定位置の高さ	約2.5m	約4m
樹齢	年輪の中心からの長さ(cm)	
10	1.02	1.2
20	2.1	2.55
30	5.3	5.4
40	9.35	8.5
50	11.8	11.2
60	13.75	14.2
70	16.35	16.0
80	19.5	17.2
90		18.55
100		20.6
110		22.0
120		22.9

が腐朽して2006年に高さ約2.5mの所で折れて参道に落下した。幹は楕円形で胸高周囲は150cm、樹齢は120年であった。

英彦山以外の事例として、鳥取県の大山はブナの美林のあることで有名であるが、この登山口にある大山自然科学館には2009年9月27日の台風で倒れたという切り株が展示されている。これによると直径90cmで樹齢は224年となっていて樹齢は直径（cm）の2.5倍となっている。また、2001年5月、八女市（旧矢部村）の釈迦ヶ岳と御前岳との稜線上の標高1150mにあった切り株では高さ30cmの所で直径83cm、樹齢は165年であった。株の状態からして胸高直径は75cm程度と思われたので、2.2倍となり英彦山と大差なかった。

ブナの樹齢は白神山地では胸高直径（cm）の2倍の年数といわれている。英彦山ではNo.1は2.25倍、No.2は2.5倍である。事例が少ないので十分とはいえないが、英彦山でも胸高直径（cm）の2.5倍程度を考えておけばよいのではないかと思う。

英彦山のクマイザサ

▶クマイザサの生活型

英彦山のブナ帯に生育するササはクマイザサとスズタケである。標高1000m以上のブナ林のほとんどの部分をクマイザサが占めている。スズタケは南岳の南西斜面に分布しているほかはクマイザサの下部周辺にあるが範囲は狭い。

1991年の台風19号以降、ブナをはじめ多くの樹木が倒れたり立枯れしたために地表の日当たりがよくなり、クマイザサは全盛を極めて密生しており、ササを好むといわれるニホンジカでさえ中に入ることができないくらいに茂っている。

クマイザサは林縁部では高さ100－150cmと低いが1歩群落の中に踏み込むと200cmを超え、中岳と北岳の鞍部東側では240cmに達し、人は埋没してしまう。稈の太さは下部で平均して約7mm、大きなものは8mmに達する。

全国的には中部山岳地域から関東東部、東北の日本海側、山陰地方、九州北部などに分布するとされている。福岡県内の分布は英彦山、犬ヶ岳、福智山などで、小さな群落も散在している。稈には長さ20－25cm、幅4－6cmの葉がふつう7枚程度ついており、冬期には多少隈が入る。

多くの人はこれをクマザサと呼ぶがクマザサとは全く別の種類である。クマザサの自生地は京都府でその他の地では冬期には白い隈取りができてきれいなため

庭園の根締めとして植えられ，また野生化したものがある。英彦山では表参道の雪舟庭園や英彦山大権現その他いくつかの宿坊跡に見られる。

クマイザサの葉の表面は無毛であるが，裏面は軟毛が密生しておりビロードのような触感がある。クマイザサに似たササに九州では九重山や阿蘇山一帯に生えるミヤコザサ

クマイザサを伐採したブナ林。クマイザサの高さがブナの幹に白くついている。高さは240cmであった

がある。稈は細く，高さは1m以下でほぼ1年で新しいものに更新されるが，この葉も裏側に軟毛がある。

クマイザサは北方系のチシマザサと同様にもともと多雪地帯に生育するササであり，生活型が両者で似た点がある。1年目の稈は枝を出すことはないが，2年目以降は稈の途中の節から枝を出す性質がある。大雪が降ると稈は地に伏して雪の下になって雪解けを待つ。次の年，稈は完全には立ち上がらず斜上しており，このような時は古い稈の基部付近からも新しい枝が伸びてくる。

チシマザサはネマガリタケともいい，サハリンから北海道を経て本州の日本海側を鳥取県の大山まで南下しており，稈は直径1cm以上になるもので，稈の基部は斜面に沿って曲がっている。筍が比較的太く甘味があり，東北地方では山菜として貴重なものである。また，クマの好物でもある。

英彦山では現在中岳や北岳でクマイザサがすごく繁茂している。その密度を知るために中岳山頂広場の北西側，標高1192mで刈り取り調査を行った。調査地としてはササの密度の平均的な部分を選んだ。クマイザサの高さは130-150cmであった。まず50cm×50cmの範囲に生えるクマイザサを地際で刈り取り，未分枝の稈と分枝した稈に分けた。総数は99本でそれぞれの割合は38本対61本であった。次に分枝したものについて高さ50cmの所と100cmの所で稈の本数を数えた。調査の結果は次頁の表3の通りである。枯れた稈は除き生きた稈のみを集計した。

稈の寿命は3年程度と考えられ次々に更新される。今回の調査結果からすると分枝は地際から高さ50cmまでの比較的低い部分で行われることが多かった。1㎡

■表3　クマイザ群落における高さごとの稈の数

	面積50×50cm	1㎡に換算
地際	99	396
高さ50cm	143	572
高さ1m	171	684

における稈の数は396本で、それが高さ50cmでは572本、1mでは684本にも増える。樹木の生えない表参道のクマイザサ草原などではさらに密度は高く1㎡あたり700本を超えると思われる。このような場所では根元には光はほとんど届かず、ほかの植物の発芽・生育は不可能である。

▶クマイザサを絶やす

　クマイザサを伐採するとそのあとに新しい稈が出てくる。しかし、これをまた伐採することを繰り返すと出てくる稈の数は減り、背丈は低くなって数年で絶やすことができる。狭い範囲であればこの方法は有効である。最近ではシカが増えてきたので、1度伐採するとその後の若い稈や葉を食べるので放置しておいても勢力は次第に落ちていくものと見られる。

　1つ不思議なことが起こった。2006年の秋に福岡県自然環境課が我々と共にブナ林の再生を行うことになり、北岳と中岳の鞍部の東側斜面でクマイザサを約1haにわたり伐採した。次の年、新しい稈が伸びてくるものとばかり思っていたのであるが、どういうわけか稈は出てこず、伐採した範囲のクマイザサはほとんど絶えてしまった。果実のついた木の下では一部で地面の掻き起こしも行われたがその効果とも考え難く、絶えた原因ははっきりしない。とにかくクマイザサを絶やすには伐採が一番ということはいえる。

▶スズタケ

　スズタケは北海道から九州に至る太平洋側の積雪の少ない、しかも、湿度の高い所に生育している。稈長2m、直径5−8mmで丈夫で曲がりにくく、積雪時にはバネの力で雪を払い落とすので、クマイザサのように雪の下に倒れ込むことがない。地形的にはクマイザサよりも傾斜のきつい環境を好む傾向がある。英彦山では南岳の山頂部からモミ・ツガ林にかけての南西側斜面や表参道の一部などにあるが、高木に光を遮られたり、シカの食害にあったりして衰退している。

▶ササ類の盛衰

タケ・ササの仲間は一般に40-50年に1度，一斉に枯れるといわれている。筆者の記録では福岡県北部のネザサは1970（昭和45）年に枯れ，次いで1987年に枯れた。間隔は17年であった。タケ・ササ類の枯死はかなり広い範囲で一斉に起こるもので，1970年の場合，県北部では香春岳，田川市夏吉，英彦山の鷹巣原スキー場などのネザサが枯れた。1987年には全県で枯れ，山口県の秋芳台でも枯れたといわれる。どうして広範囲にわたり，しかも点在する小さな群落まで枯れるのか原因はよくつかめていない。
　ネザサの場合は枯れる前に開花し結実してそれにより群落を再生する。
　1987年に枯れてから20年が経つが，鷹巣原スキー場ではネザサの勢いは非常に強く，ススキをも駆逐して範囲を拡大し続けてきた。
　さて，英彦山のクマイザサについて見ると，1977年に花がつき，1978年に全域で枯れた。1979年頃のブナの樹下はクマイザサは枯れて倒れてしまったので，別世界のようで，樹下を自由に歩くことができた。クマイザサはネザサと違って開花してもほとんど結実しなかった。その代わり枯れない稈が点々とあり，また，稜線部の登山道脇では，幅1mくらい枯れない部分があった。そこは時々刈り取りが行われ，次々に更新されていたためと思われる。このようなものが元になって，早くも1982年頃にはクマイザサが回復した。
　ササは陽生の植物であるから林冠が樹木でしっかり塞がっていれば回復することはない。当時のブナ林は現在ほどの状態ではないが，亜高木や低木はほとんどなく，高木層はブナやコハウチワカエデが一層あるだけで，所々にはギャップもあり，林床は非常に明るかった。この条件が再びクマイザサを大繁茂させる原因になった。
　クマイザサは1978年より以前は昭和10年代のはじめに枯れたことがあるそうである。それからすると約40年後に開花したことになる。1978年からすでに30年近く経つ。次回はいつ枯れるだろうか。

1991年の大型台風17号・19号

　1991年9月14日，中型で非常に強い台風17号が北部九州を縦断し，県下一円に大きな被害が出たが，とりわけ英彦山でひどく，奉幣殿から標高1200mの上宮までの表参道沿いにあった樹齢300-400年のスギ並木のほとんどが薙ぎ倒さ

猛烈な風に煽られて材がばらばらになった千本杉の1本

れて参道を塞いだ。倒木は中津宮（中宮）から上宮までの間で特にひどかった。このようなスギの大木が多量に倒れるような台風はこれまでの記録にはないものである。

　台風17号に続いて9月27日には大型で猛烈な台風19号が福岡県の西部を通過した。風速は50m／secを超え，被害は先の台風17号に追い打ちをかけることとなり，いよいよ甚大となった。

　福岡県内では死者・行方不明者10人，負傷者69人，建物の全半壊35戸などとなり，全国的に見ても何十年に1度しかない記録的な台風であった。

　英彦山神宮では奉幣殿の前庭にあった県指定天然記念物の「泉蔵坊杉」が倒れて社頭（お守り札授与所）を押し潰してしまった。泉蔵坊杉はご神木で根元近くで周囲約12m，胸高周囲9.6m，高さ約40m，樹齢800年以上で，国指定天然記念物の「鬼杉」に次ぐ大きさであった。倒れたのは幹の内部がひどく腐朽していたためである。鬼杉は谷間にあって風が当たらなかったため難をまぬがれた。

　奉幣殿の屋根にも，またすぐ上にある下宮社にも大スギが倒れかかった。奉幣殿直下の参道では樹齢数十年の比較的若いスギであったが折り重なって倒れ通行できなくなった。

　標高970mにある中津宮（中宮）の社はスギの大木が何本も倒れかかって潰れ，現在も建物は再建されないままになっている。

　中岳山頂にある上宮の社は屋根が飛ばされ，建物は土台から50cmもずれた。

　豊前坊・高住神社でも樹齢300－350年のスギが数十本も倒れて付属の建物である斎館やお手水舎などを押し潰してしまった。

　表参道の上方にある行者堂から上宮までの参道沿いには樹齢400－500年のすばらしいスギ並木があったが，そのすべてが倒れ参道を塞いでしまった。そのスギの切り株のいくつかは今も残っている。一方，中津宮から行者堂までの表参道の北側には幅250－500m，長さ約1 kmにわたって，江戸時代の1674（延宝2）年に寄進されたとされるスギの美林があった。そのスギの多さから「千本杉」と呼ばれていた。実際には800本程度であったと思われるが，それらが台風17号と

19号の2回の台風でほぼ壊滅してしまった。1674年から1991年までの間は317年であるが，切り株で年輪を数えたところ，樹齢には300年から350年の幅があり，参道沿いには400年以上の木もあって，千本杉は1674年に一斉に植えられたものではなく，それ以前から相当数あったし，1674年以降にも植えられたと見られる。当時は現在のような挿し木して育てた苗を植える方法ではなく，もっと大きな枝を直接突き刺していたようであり，記録には「指立」と記されている。

千本杉の間にはブナ，ホウノキ，ウリハダカエデ，コハウチワカエデ，クマノミズキ，コシアブラなどの自然木が混生しており，スギの天然林を感じさせる特別な植生となっていただけに，英彦山神宮のみならず，学術的にも，景観上からも大きな損失となった。

千本杉の被害の状況は次のようなものであった。まず，根こそぎ倒れた木は少なく幹の中ほどでへし折られたものが多かった。それは幹の中心部が腐朽して空になったものが多かったためである。千本杉のように標高の高い所に生育するスギは樹齢が300年を超えると空になる割合が高くなるようである。

次に搬出のために切断した幹の断面を見ると年輪の部分でひどく剥離が起こっていた。倒れたり折れたりする前にものすごい力でへし曲げられて弓なりになったりねじれたりしたことが考えられる。また樹皮の剥離も激しかった。

英彦山からは少し離れるが，東峰村小石原の「行者杉」でも千本杉と同じ樹齢の木が約300本被害にあった。ここでは幹の空になったものはほとんどなく，したがって根こそぎ倒れたり傾いたりした。豊前市の求菩提山でも山頂の求菩提神社の社殿がスギやヒノキの倒木により全壊した。今は新しい社殿になっているが周辺には昔の面影はない。

英彦山の山麓部の標高800m以下の人工林でも広い範囲でスギが薙ぎ倒された。所によってはダウンバーストによって林の中にぽっかり穴があいた所があった。

ブナ林の被害

英彦山の標高1000m以上の地はブナ林である。千本杉や行者杉などの林が瞬時に壊滅したのに対して，ブナ林は北岳山頂から北西に伸びる小尾根で全滅した以外には北岳から南岳に至る稜線上で数十本が倒れたくらいで被害は比較的軽微であり，ブナ林は風に強いと思われた。しかし，台風のあと年を追って枯れる木が続出した。それは北岳の北西側斜面，北岳から中岳に至る稜線上，北岳と中岳

台風で倒れたブナ。ブナには直根がなく、小さな根が円形に広がった形のものが多いので風には弱い

との鞍部の東側、南岳の北側斜面などで目立った。

ブナ林ではブナが倒れたり枯れたりしてギャップができると、そこから風が吹き抜けるために微気候が変わり周辺の木々に枯損が進行していく現象が見られる。それは北岳と中岳の鞍部で特に顕著であった。今ではブナの全くない空間が広がっている。

枯損は台風の後10年以上も続き、近年ようやく進行は鈍ったもののなお立ち枯れが進んでいる。これまでに北岳から中岳に至る稜線だけでも200本あまりが枯れた。

ブナはもともとあまり根を深く張る木ではなさそうであるが、英彦山は表土が浅くすぐ下は岩盤であることが多いのでなおさら根を下すことができない。稜線の登山道脇などで倒れたブナの根を見ると直根がなく、また長く横に張った太い根もない。幹を中心に比較的細い根が多数円形に広がり、小石や土を抱き込んで全体として円盤状の台座となり、それが大地に据わっているという形になっている。台座は樹冠の広がりよりもはるかに小さく、直根をもち長くて太い根を横に張る他種の樹木に比べると不安定で倒れやすく、極度に強い風に対しては全く無防備と思える。ブナは多くの仲間と共に林を形成し、お互いに体を支え合って生きていかなければならない樹木なのである。

台風19号ではおそらく風速50m／sec超の風が吹き荒れたものと思われ、その時倒れなかったブナも強風に煽られ幹がゆさぶられたことにより根毛が切れたり、根の台座と岩盤との間に隙間ができたりして、そこから腐朽が進んだことがその後の枯死に繋がったと考えられる。

英彦山のみならず犬ヶ岳山系においても同様にブナの大半が失われた。

岩角地植物群落の被害

英彦山地は大規模な岩場のあることが特徴である。岩場は遮るものがなく直接

風が吹きつけるので大きな被害が出た。英彦山だけでなく豊前市竜門などでも植生が変わるほどの被害があった。障子ヶ岳では貴重な天然ヒノキの8割を失い，望雲台でも多くのヒノキが倒れた。竜門ではアカマツやツガの被害が大きかった。

　玉屋神社の聖域となっている岩場にはツガ，アカマツ，ゲンカイツツジ，セツコク，ツメレンゲなどの生育する群落があったが，これが広い範囲にわたって表土ごと滑落し岩がむき出しになった。望雲台でも鎖のかかる岩溝（ルンゼ）の上で大きな滑落があり今の道ができるまで望雲台へ行けなくなった。この滑落でホツツジやツクシシャクナゲ，英彦山で最大の天然ヒノキなどを失った。

ブナ林再生の取り組み

動　機

　ブナは北は北海道の渡島半島から，南は鹿児島県の高隈山まで分布している。温帯気候の植物であるから，九州では標高の高い山の上にしか生育していない。日本全体から見ると九州はブナの南限域にあたるため，地球温暖化が深刻になっている今日，生存の最も危惧される植物である。とりわけ県内の主な産地である英彦山地や釈迦ヶ岳山地では台風の被害もあって危機的な状況になっている。

　白神山地では，ブナの1本は田1枚をうるおすといわれているように，ブナは保水力の強いことで有名である。九州では気温が高く，落葉の分解が早く，北方のブナ林ほどの保水力はないが，英彦山は彦山川（遠賀川水系），今川，轟川（山国川水系）などの水源の山であり，ブナ林のもつ役割は大きい。

　ブナの枯れていく状況を目の当たりにして，「田川山の会」や「英彦山霊山会」の会長である永井直氏と筆者とが中心となって，ブナ林を再生させる取り組みを1998年に開始した。

　ブナの林床には高さ2mものクマイザサが密生しているため，ブナの種子（正しくは果実）が落ちてもササの根元にたまっている落葉に邪魔されて，種子は地面まで届くことができず，発芽できない。また，たとえ発芽できたとしても，ササの根元は暗く光合成ができない。したがって，ブナを発芽生育させるためには，どうしても人の力で環境を整えてやることが必要であり，放置していたのではいつまで経っても，ブナ林は甦ってこないと判断した。

戸丸信弘によるとブナのミトコンドリアＤＮＡの分析の結果，全国には８種類のハプロタイプがあり，それらはさらに遺伝子の違いにより23類型に分類されることが示されている。九州では脊振山（福岡県・佐賀県），祖母山（宮崎県），高隈山（鹿児島県）の３つの山で調べられていて，それぞれに遺伝子の違いが認められている。それによると祖母山と高隈山のブナは近い関係にあるものの脊振山のブナはそれらと多少異なり，山口県の寂地山と同一とされている。

　以上のような研究結果から遺伝子汚染を避けるために英彦山には英彦山のブナから採取した種子から育てた苗のみを植えることとした。

　植樹までには①種子の採取，②育苗，③植えつけなどの作業がある。この事業を進めるにあたっては多くの人の理解と協力が必要である。そのため1998年８月29日に県立英彦山青年の家で説明会を開いたところ，県内各地から約80人が集まり，ブナ林再生のための活動が始まった。

種子の採取

　ブナには数年に１度，一斉に種子をつけるマスティングという現象が見られる。東北・北陸地方の調査では豊作年の間隔は短くて３年，長くて８年であり，平均して5.3年となっている。英彦山では過去の記録がないのでどのようになってきたかわからないが，1991年の台風以降は1998年，2000年，2002年，2003年とごく少数の木に種子がついてきたので，マスティングは認められない。おそらく樹木は一般に枯死する前に子孫を残そうとして沢山の種子をつける傾向があるので，台風の後，次々にブナが枯れていく中，ブナにも同様の現象が起こっていたのではないかと考えられる。しかし，台風から15年を経過した2006年，ようやくマスティングらしい現象が見られ，多くの木に実がついた。しかし種子のほとんどはしいな（粃）で形だけのものであった。そして2008年，はじめて中身（子葉）の詰まった完全な種子が多量に得られた。

　これまで種子採取にあたって全く予期せぬことが起こってきた。それは落ちた種子の大半がしいなで中身の詰まった種子の少ないことであった。しいなの種子の多くには直径が0.7mmくらいの穴が１－２個あいており，それはブナヒメシンクイという翅を広げると10mmあまりの小さな蛾の幼虫があけたものとわかった。

　ブナの実は殻斗と呼ばれる総苞（クリでいえばイガイガの部分）に包まれているが，その中に３つの稜をもつ堅果（果実の一種。一般的にはドングリで，ここ

では種子と呼ぶことにする）が2個入っている。殻斗1個にふつう1匹の幼虫が育つようで、2個の種子には相対する位置に穴があいていることが多く、一方の種子からもう一方の種子へ幼虫が移動しているものと考えられる。蛹はブナが開花する5月中－下旬に羽化して小さな殻斗に産卵し、幼虫は殻斗と共に生育して7月頃に殻斗を出て地面に落ち、落葉中で蛹になり春を待つといわれる。

近年この食害虫は少なくとも英彦山、犬ヶ岳、岳滅鬼山などの英彦山地で爆発的に発生しているが、ブナの種子が毎年ついているのならともかく、1－2年の種子のつかない年があるにもかかわらず、また発生することについては理解に苦しむ。

しかし、ブナのマスティング現象は虫害を避けて充実種子を多く産出するのに欠かせない方策であり、ブナ自身の食害虫対策であるとも考えられる。

ブナは樹齢50－60年で開花し、70年で結実するといわれる。開花し始めてから10－20年間の種子は中身のない形だけのしいなであり、また結実するようになってからも、食害虫に侵されるまでもなくしいなが多いのも特徴である。これも食害虫やヤマガラ・ノネズミなどの目を欺き、充実種子を守る対策かもしれない。

以上のような理由で、2008年の豊作を除いて、発芽可能な種子を得ることは極めて困難で、20人あまりで1日3時間あまり拾っても20個くらいしか採れない状態が続いてきた。

2006年と2008年の種子の充実率

2006年は1998年以降はじめて一斉に実がついた。ブナの種子は9月に入ると落ち始め、10月に最も多く落ちる。9月に福岡県自然環境課により種子を採取するためのシードトラップが北岳を中心に15張設置された。ネットの広さは7×4mであった。

1回目の種子回収は10月8日に行われ、種子は福岡県森林林業技術センターで集計処理された。2回目の回収は筆者が11月22日に行った。北岳稜線上の6張のシードトラップから回収した種子は合計4345個で、中身の詰まった種子はわずか96個（充実率：2.2%）、食害虫に穴をあけられた種子は610個（食害虫による被食率：14.0%）、穴はあいてないがしいなの種子3306個（しいな率：76.1%）、ヤマガラやノネズミなどに食べられたと思われる割れた種子は333個（鳥獣による被食率：7.7%）であった。充実種子の割合はネットにより異なり、0%から

■表4　2006年と2008年に収穫した種子の比較

	2006年	2008年
種子総数	4345個 6張りのシードトラップより回収した種子	1684個 北岳山頂の１本の大木から採取した種子
充実種子	96個（2.2％）	452個（26.8％）
粃(しいな)（発育不全種子を含む）	3306個（76.1％）	1094個（65.0％）
食害虫による被食率 （食害虫により穴のあけられた種子）	610個（14.0％）	68個（4.0％）
鳥獣による被食率 （ヤマガラやネズミなどに食べられた種子）	333個（7.7％）	70個（4.2％）

8.1％までのばらつきがあった。関係したブナの幹の胸高周囲は103cmから182cmで北岳の山頂に近い181cmの木の結果が最もよかった。

　2006年9月22日には犬ヶ岳でも調査した。充実率の最も高かったのは大竿峠の下約100mにあった直径約75cmの木で，採取した388個中，充実種子は60個，食害虫による穴あき種子113個，しいな種子275個で充実率は15.5％であった。

　犬ヶ岳の山頂には胸高周囲150cmと97cmの木があり，多くの殻斗をつけ，種子も多く落ちていたが，2本とも充実率は0％であった。

　英彦山の中津宮近くの胸高周囲172cmで穴あき種子を避けて拾った807個では充実種子5個で充実率は0.6％であった。いずれにせよ種子の充実率は一般にごく低いものである。

　2008年は種子がよくついたので9月21日に第1回目の種子拾いを行ったが早すぎてまだあまり落ちていなかった。その後，10月17日と25日に田川高等学校の生物部員らと共にブナ林の調査を兼ねて種子も拾った。2008年は1998年に種子拾いを始めて以来の豊作年であった。豊作の理由は食害虫であるブナヒメシンクイの幼虫が少なかったことであろう。

　樹下に草木がなく種子を拾いやすかった北岳山頂と中岳山頂広場の大木で多くの種子が得られた。北岳山頂の木は幹の周囲が276cm，樹高約18m，中岳の木はそれぞれ269cmと約15mである。

　北岳山頂の木では1㎡に約400個の種子が落ちた。拾った種子1684個中，充実種子は452個（充実率：26.8％），しいなの種子は1094個（しいな率：65.0％）

で，その中で食害虫に侵されて穴のあいた種子は68個（食害虫による被食率：4.0%），ヤマガラやノネズミに喰われたと思われる種子は70個（鳥獣による被食率：4.2%）であった。中岳山頂広場の木については詳細に調べてないが，同じ程度の結果であったと思われる。

表4に2006年と2008年の調査結果を示した。1998年以降2005年までの充実率はおそらく1%以下であったので2008年の26.8%がいかに突出しているかがわかる。

種子の発芽・育苗

山から持ち帰った種子をすぐに播くと，年内に発芽するものが少しあるが，多くは越冬して3月に発芽する。芽は土から出るとまず2枚の大きな子葉を開き，その間から新しい茎が伸びてくる。子葉が茶色の種皮を帽子のように被ったまま出てくるものもある。

2006年まではごく少数であったので苗は自分の家で育ててきた。1年後に間隔をあけて植え直し，幹は斜めに伸びたがるので支柱を立てて矯正する。3年経つと50-80cmに生長するのでそれを山に定植してきた。山で自然に発芽した苗は生長が遅く，ふつう3年で20cmくらいにしかならない。幹は斜めに伸び横枝が多く出ているのが苗床育ちと異なる点である。なお，採取した種子はすぐに播かないと，時間が経つにつれて発芽率が低下するようである。特に，シードトラップで採取した種子は乾燥していて発芽が極端に悪い。

植　樹

植えつけは枯損のひどい北岳，中岳，南岳を結ぶ稜線で行ってきた。3月末の日曜日に実施することにし，これまで2001年に22本，2003年に5本，2004年に11本，2005年に10本，2006年に21本，2007年に15本，2008年に60本を植えた。

種子拾いや植樹の参加者は英彦山霊山会の人々を中心に，田川山の会，豊前登山愛好会，北九州のマップ山の会，太宰府市の登山愛好会，香春町の道草の会，添田町の有志，県立田川高校の生徒や卒業生，新聞の呼びかけに応じてくれた方々などである。3月末の山頂部はまだ気温が低く，天候は不順で雪の残っていることも多いので，一般の参加者にとっては厳しい体験となっている。

植えるにあたっては，まず，密生しているクマイザサを刈り取り，次いで直径

■表5　ブナ林再生のための主な取り組み

1998（H10）	
8.29	ブナ林再生活動開始，県立英彦山青年の家で主旨説明と今後の活動について提案。参加者70名
9.13	英彦山青年の家の一角に播種床をつくる
10.11	第1回目のブナの果実拾い実施。ほとんどが虫に喰われており，充実した種子は二十数個のみ。したがって英彦山青年の家での育苗は断念し，筆者の自宅（福智町上野）で播種することにした
1999（H11）	
春	4月までに22本発芽
秋	この年，種子はつかず
2000（H12）	
2月	前年発芽した22本の植えかえ
10.8	種子拾い。充実した種子は15個。16名参加
2001（H13）	
3.18	1998年に種子を採取して育てた苗22本を北岳，中岳，南岳の稜線部に分けて植える
10.19	春に植えた苗はうまく活着したものの，ことごとくシカに喰われてしまった。この年種子はつかず
2002（H14）	
3.3	シカに喰われたブナに支柱を立て周囲を金網で囲む。植樹なし。参加者20名
10.20	種子拾い，表参道の中津宮から下乗までの間。充実した種子33個。9名参加
2003（H15）	
3.30	中岳広場付近に5本植え，同時に金網で囲う。25名参加
4.30	この春，発芽したのは18本。冬の間に2回苗床に霜柱が立ったことが発芽を悪くした
秋	北岳山頂の木など一部に殻斗ができたが種子は虫で全滅した
2004（H16）	
3.28	北岳山頂部に11本植える。15名参加
秋	種子つかず
2005（H17）	
3.27	北岳山頂から中岳方向に一段下がった所に10本植える。16名参加。土が深かったので後の生育良好
秋	種子つかず
2006（H18）	
3.26	北岳と中岳の鞍部に21本植える。種子から育てた苗8本と表参道の法面に生えていた幼木13本の移植

秋	福岡県自然環境課が平成17年度策定の自然環境整備計画の中でブナ林の再生事業を共同して進めることになり次の事項が実施された 1. ブナの種子の発芽と生育を促すため北岳と中岳の鞍部一帯のクマイザサを約1ha伐採する 2. 一部ブナの木の下の土の掻き起こしを実施 3. 表参道の法面に生えたブナ88本やコハウチワカエデ12本の移植 4. シードトラップによる種子の採取
2007(H19)	
3.25	中岳に10本，北岳と中岳の鞍部に5本（補植）を植える。シカ対策として虎落竹を立てる。三十数名参加 田川高校が中岳・北岳鞍部にブナ林を説明した看板を設置した
4月	前年200個あまりの種子を播いたが発芽は8本だけ。シードトラップで採取した種子は乾燥して発芽が極端に悪い
5.2	クマイザサ伐採地の掻き起こしをした所で700本あまりの発芽を確認した
8月	発芽したブナはその後，雨が降らなかったためか全滅した
秋	種子つかず
2008(H20)	
3.30	北岳と中岳との鞍部に60本を植える。そのうち47本は山引苗を培養したもの
4月	県自然環境課によりシカ防護柵（シカよけネット）が設置される。ブナ一斉に開花
6月	柵の中にシカが入って植えた苗は全滅した
9.14	種子が落ち始める
9.21	種子拾い，3人で健全種子25粒，これまでになく虫害が少なく充実率がよい。
10.25	田川高校生物部員と北岳山頂を中心に種子拾い，充実種子470粒
10.27	植田周平氏が中岳山頂広場で拾った412粒などと合わせて当年度は907粒を播いた。他に植田氏と永井直氏も育苗，ブナ林再生活動を始めて以来の豊作年であった。
2009(H21)	
3月	植えたブナの手入れ
4月	486本発芽、育苗。発芽率は53.6％
秋	種子つかず
2010(H22)	
3.21	発芽1年目の苗約500本を英彦山花工房の畑に仮植
3.28	中岳と北岳の鞍部にブナ9本，ウリハダカエデ7本を定植
6月	ブナには多数の殻斗がついている

2010年3月28日のブナ林の植樹の様子。雪がかなり残っていた

1mくらいの範囲でササの地下茎を掘り取らなければならない。地下茎は深さ30-50cmに広がっており、1本植えるにも大変な労力がいる。

最初に植樹を行った2001年の10月、様子を見に登山してみると、春に植えた苗はことごとくシカに喰われ、根元の部分だけが残っている有様で、シカに出端をくじかれてしまった。そこで次回からは植えた苗をすぐに金網で囲うようにした。

これまでに植えた苗はシカの食害のほかにも登山者に踏まれたもの、乾燥で枯れたもの、周囲のクマイザサの陰になって生育が遅れたものなどがあって、どれもが順調に育っているとはいえない。

2008年4月には福岡県自然環境課が1haにわたってクマイザサを伐採し、周囲にシカよけネットを張ってくれた。3月30日、そこに60本の苗を植えた。ネット張りは4月になったが、工事が終わる頃まで植えた苗には異常はなく、安心していたところ、6月にはシカがどこからか侵入して苗は喰われてしまった。なかなかうまくいかないものである。2010年に植えたものはまた金網で囲うことにした。

希少種をとりまく環境と種の保全

英彦山・犬ヶ岳山地には1000種以上の植物が生育しており、希少種も県内のどの山地よりも多く存在するが、それらは次のような要因により日々減少している。

①植物の遷移の進行によるもの

英彦山地の自然は一見安定しているかに思えるが、時間の目で見ると著しく変化しているものである。植物を発見して、何年か後に行ってみると上層の樹木が茂って陰になり、姿がなかったというようなことがよくある。希少種ではツルキ

ンバイ，レイジンソウ，オオモミジガサ，ニシノヤマタイミンガサ，イナモリソウ，ユキザサなどの例がある。

　鷹巣原高原のスキー場は屋根葺き用の茅を採るために昔から人為的に管理してススキ草原を維持してきた所で，かつては現在の約4倍の広さがあった。ススキの需用がなくなり刈り取りをしなくなった部分では短期間に樹木が侵入して森林になってしまった。草原を放置するとまずノイバラ，ウツギ，ノリウツギなどの低木が侵入し，次いでウリハダカエデ，コハウチワカエデ，カナクギノキ，アカメガシワなどが侵入して群落を形成した。周囲を自然林が囲っているために樹木の侵入は非常に早く進む。

　現在スキー場と呼ばれている範囲は約7 haであるが，ここでは年に1度草刈りが行われているのでかろうじて草原が保たれている。しかし，この中では昔と違ってネザサが優勢になり，ススキが減少している。また，草原では以前よりススキやネザサの密度が高くかつ高性化していることで，それまでその中に生育していたキキョウ，リンドウ，オミナエシ，シオガマギク，ミシマサイコ，サイヨウシャジン，ヤナギアザミ，ヤマアザミ，ワレモコウ，アヤメ，レンゲツツジなどの草原性の植物がすでに姿を消している。2007年に見られたのはスズサイコ，コオニユリ，コバギボウシなど少数であった。

　逆に森林伐採などで人為的に遷移を振り出しに戻した場合に思いがけぬ変化が起こることがある。伐採跡地にベニバナボロギクやツリフネソウなどの大群落が出現することはよくあるが，それまで林床にあって細々と生きてきた植物が日当たりがよくなったことで急に勢いを取り戻すことがあった。2002年頃，経読岳の自然林の伐採跡地では多数のハシリドコロが大株に生長し，林下では花だけで終わってしまうこの植物に沢山の果実がつき驚いたことがある。また，英彦山のスギの伐採跡地では，これまで県内ではごくまれなタケニグサが多数出現した。

　奉幣殿のスロープカー「神駅」の下方では工事の際に樹木が伐採されたり斜面が削られたりしたことで，それまで存在の知られていなかったヤマゴボウが群落を形成している。坊跡に細々と生き残ってきたものが環境がよくなったことで急に増殖したものと思われる。

②人為採取によるもの

　1960年代の後半，かつてのランブームの頃に英彦山地でもエビネやサルメンエビネがほとんどなくなった。英彦山や深倉峡などの岩場に沢山あったといわれ

るウチョウランも多量に乱獲されて「英彦山ウチョウラン」の名で市場に出回ったことがある。クロフネサイシンは1950年代後半にはウスバサイシンと間違われて採られたといわれる。近年やっと回復していたところ，今度はヒメギフチョウを餌育するために採取されてまた減少してしまった。障子ヶ岳ではマルバノイチヤクソウとウメガサソウが全滅したし，2005年にはヒナランがほぼなくなった。

ラン科の植物の危険度が最も高く，またヤマシャクヤクのように花のきれいな植物が狙われやすい。また園芸界でどのような種類がブームになっているかによっても変動する。

③自然災害

1991年の台風17号と19号により英彦山地は未曾有の災害を被った。神社はもとより，千本杉は壊滅し，ブナ林もそれに近い状態になった。これからも，地球温暖化の影響はますます強くなると思われるので，このような災害は覚悟しておかねばならないだろう。

望雲台や玉屋神社などの岩場では大規模な表土の滑落が起こり岩上の植生が消失した。

望雲台の内壁ではツクシシャクナゲ，ヒカゲツツジ，ホツツジ，ナツハゼ，アクシバ，コバノミツバツツジなどの群落が失われた。しかし，湿気のある岩上では岩の表面に数年でコケが生え，それにツクシシャクナゲ，ノリウツギ，ベニドウダンなどの芽生えが見られ回復は早い。

玉屋神社付近はよく乾燥する岩場で，アカマツ，ネズミサシ，ツガなどの高木と共に，イソノキ，ゲンカイツツジ，イワヒバ，セツコク，ツメレンゲ，サイゴクイワギボウシなどが滑落した。ここでは18年経った今でも岩には地衣類すら生えておらず，アカマツやゲンカイツツジなどが生えてくるのには100年以上もかかると思われる。

④ニホンジカの食害

高住神社から北岳登山道付近では急増したシカの食害によりクサヤツデやアオホオズキなどの希少種が絶滅し，セリバオウレン，テバコモミジガサ，ツクシミカエリソウなどが激減，普通種であったコンロンソウ，ツリフネソウ，キツリフネなども消滅した。山頂部に植えたブナの苗も喰われて順調に生長していない。シカの食害については次の項で述べる。

ニホンジカによる被害

ニホンジカの現況

　ニホンジカは1960年代のはじめ頃までは犬ヶ岳で時折見かける程度でごく少数であり，英彦山では声を聞くことすらほとんどなかったが，1991年の台風以降に急に増え，生息域も拡大したように思える。

　福岡県の発表では2001年には英彦山地には6000頭が生息しており，田畑の作物や植えたスギ，ヒノキ，ケヤキなどの苗が喰われる被害が増大した。そのため県はシカ保護管理計画を策定して，2006年度までに2500頭にまで減らすことにした。しかし，一向に減らず逆に2004年には1万頭を超えるまでに増加してしまった。2006年には2200頭，2007年には3500頭を捕獲したそうであるが，捕獲数が増加数に全く追いつかないのが現状である。英彦山や犬ヶ岳では林床の植生がすでに変化しており，山を歩いていると何度もシカに出合うようになった。

　英彦山はシカのまだいない頃は山頂部までイノシシの領域であった。しかし，シカが侵入し増加した今は下方に追いやられ，概ね標高700m付近に住み分けの境界があると見られる。

　シカの増加に伴って英彦山系の植生に大きな変化が起こっている。2000年頃，野峠から経読林道を一ノ岳に向かって歩くと道端の高さ1mくらいまでの草木が剪定したようにきれいに食べられており，見たいと思った植物はすでになく，その光景に唖然としたことがある。それ以降数年の間に犬ヶ岳山地を含む英彦山地のほぼ全域に被害が広がった。林内にできた地面から高さ約1.5mまでの空間はディアライン（deer line）と呼ばれており，その間にある樹木の枝葉や下草はすべて食べられてしまうので，遠くまで見通せる状態になってしまう。

　奉幣殿一帯のスギ林の林床はアオキで塞がっていた。しかし，このアオキはシカの大好物のようで，高さ3mもの木も押し倒して喰い尽くし，今ではシカの食べないジュウモンジシダやマムシグサがまばらに生えるだけの植生に一変してしまった。しかし，このような場所は，すでに築上町上寒田や深倉峡などのスギ林で見られるようにマツカゼソウやレモンエゴマのようなシカの食べない種類の植物により大群落が形成される可能性が強い。

岳滅鬼山の稜線のブナ林では林床のクマイザサがほぼ全滅した。英彦山では鷹巣原高原のスキー場のネザサの新芽が2007年春からひどく喰い荒らされるようになり，草原に沢山の窪みができてきた。2009年にはネザサは高さ20－30cmにまで切り揃えられ，いよいよ生長が抑えられている。これまでネザサの勢力が強くススキの領域は狭まる一方であったが，シカがネザサを

ニホンジカ。1回の山歩き中に何度も出合うようになった

食べることで，またススキが盛り返してくるものと思われる。

　英彦山地を代表するクマイザサはブナ林の林床を埋めており，中岳山頂部ではクマイザサ草原になっている。クマイザサは高さが2ｍを超え，しかも密生しているためにシカはこれまで侵入を控えていたようであるが，2006年の春頃から登山道沿いやブナの植栽地などで食害が見られるようになり，中岳の草原の中にも幾筋ものシカ道が見られるようなった。

　2009年には中岳山頂部のクマイザサがすべて県の手によって伐採された。今後，クマイザサは復活するのかしないのか，シカの活動にどのような影響が出るのか見極めたいと思う。

　北岳のシオジ林では累積した岩の上にコケ植物が厚く生えている。ディアラインができたことで林床の風通しが非常によくなっている。そのために今後，乾燥化が進むならば，コケ植物の生育に，また，コケ植物に依存しているコミヤマカタバミ，シコクスミレ，フジシダなどの存続が危うくなる。空中湿度の低下により幹に着生しているコケ類やイワオモダカ，オシャグジデンダなどのシダ植物が消失し，乾燥に向いた植物が増えるなどの悪影響が懸念される。

シカの食性

▶一般的な傾向

　樹木では春から秋までは落葉広葉樹の葉をおもに食べ，冬場は常緑広葉樹の葉を食べる。スギの葉や樹皮を剥がして食べる割合は年中変わらないようである。

　草本類では5月から11月までは緑葉が豊富で好きなものを選んで食べることが

できるが，12月から4月までの間は冬枯れの時期であり，特に標高800m以上の夏緑樹林帯では緑はほとんどないので夏場には食べることのないオクノカンスゲやカンスゲなどの常緑のスゲ類を食べるようである。シダ植物は年間を通してほとんど食べない。シカ以外の動物もシダ植物を好んで食べることはない。

近年，頭数の増加に伴って食性の幅が広くなっているようである。例えば2004年頃まで千本杉の下部の谷間で約5アールの範囲にオタカラコウの群落があった。また，県立英彦山青年の家の前の杉山の林床にも同じ広さの群落があった。群落は年々広がっていたのでオタカラコウはシカの食べない植物と思っていた。ところが千本杉の群落は2005年に突如全滅し，続いて英彦山青年の家の前の群落も2006年と2007年の2年間で完全に喰いつくされ全滅した。

シカはシソ科の植物は臭いがきついためかあまり好まない。北岳のオオマルバノテンニンソウ（ツクシミカエリソウ）の群落は2006年まで毎年きれいな花を見ることができたが，それ以降は花が咲く前に喰われてしまうようになった。このようにはじめ食べることのなかった種類の植物が，食物がなくなっていく中で次々に食べられるようになっている。

シカは樹木の皮を剥がして食べる。被害を最も受けるのはリョウブで，それにベニドウダンとエゴノキ，さらにツリバナ，オオカメノキ，ツクシヤブウツギ，クマノミズキ，ノリウツギなどが続く。リョウブやベニドウダンはクマイザサの中や危険な岩場まで行って剥がしている。剥皮の高さはふつう地表から120cmくらいであるが，時に170cmにも及ぶことがある。周囲を完全に剥がされた木は枯れる場合があるが，リョウブは樹皮を再生することができるので枯れない。この時，幹の表面に小さな瘤を沢山つくって2度と皮を剥がされないように防衛するようである。スギやヒノキの幹では樹皮を剥がして食べるというより，角こすりの被害の方が大きいようである。

▶シカの忌避植物・不嗜好植物

シカはどんな植物でも食べるというものではなく，好き嫌いがあって，中には避けて通るような忌避植物や，時には食べた跡があるがあまり好んでは食べない不嗜好植物などがある。表6にそれらをあげたが，これは2007年と2008年の夏場に英彦山で調査したものであり，他の山域や季節によっても多少異なるものと思われる。犬ヶ岳山系の茶臼山標高1039mの山頂一帯にはかつて，クマイザサ

■表6 シカの忌避植物，不嗜好植物

科	忌避植物(ほとんど食べない)	不嗜好植物(少しは食べる)
ブ ナ 科	ウラジロガシ	
イ ラ ク サ 科	ナガバヤブマオ, ヒメウワバミソウ, ヤマミズ, ミズ, イラクサ	ムカゴイラクサ
タ デ 科	ミヤマタニソバ, ハルトラノオ	ミズヒキ
ヤ マ ゴ ボ ウ 科	マルミノヤマゴボウ, ヤマゴボウ	ヨウシュヤマゴボウ
ク ス ノ キ 科		イヌガシ, アブラチャン, カナクギノキ
キ ン ポ ウ ゲ 科	サンインヤマトリカブト, サラシナショウマ	
シ キ ミ 科	シキミ	
セ ン リ ョ ウ 科	ヒトリシズカ, フタリシズカ	
ウマノスズクサ科	タイリンアオイ	クロフネサイシン
ボ タ ン 科	ヤマシャクヤク	
ユ キ ノ シ タ 科	クサアジサイ	
バ ラ 科	ヒメキンミズヒキ, コバノフユイチゴ, ヒメバライチゴ	ヤマブキショウマ, フユイチゴ
トウダイグサ科	ナツトウダイ	
ミ カ ン 科	マツカゼソウ	ツルミヤマシキミ, ミヤマシキミ, サンショウ
カ エ デ 科	テツカエデ, カジカエデ	ウリハダカエデ, チドリノキ
ツ バ キ 科		チャノキ, ヤブツバキ
ツ ゲ 科	フッキソウ	
ジンチョウゲ科	ミツマタ, コショウノキ	
ウ コ ギ 科		トチバニンジン
ツ ツ ジ 科	ツクシシャクナゲ	ツツジ類
ハ イ ノ キ 科	ハイノキ	タンナサワフタギ
エ ゴ ノ キ 科		オオバアサガラ

とススキの草地が広がっていた。2008年11月5日に登ったところ，そこには緑はなく，不毛の地と化していた。ササは完全に喰い尽くされ，他の地では忌避植物と思われたススキでさえ，株の根元が残っているだけであった。近くの稜線ではオオバアサガラやシダ植物のシシガシラまでが喰いちぎられていた。

▶シカが特定の植物を避ける原因

①有毒物質の存在

　忌避植物や不嗜好植物には有毒のアルカロイドや配糖体を含んでいるものが多い。それらのいくつかをあげると，キンポウゲ科のサンインヤマトリカブトやレ

科	忌避植物(ほとんど食べない)	不嗜好植物(少しは食べる)
モクセイ科	シオジ	
リンドウ科	アケボノソウ	
ガガイモ科	ツクシガシワ, キジョラン	
アカネ科	オオキヌタソウ	
ムラサキ科	オオルリソウ	ミズタビラコ, ヤマルリソウ
シソ科	レモンエゴマ, ナギナタコウジュ, イヌトウバナ, オドリコソウ	アキチョウジ
ナス科	ハシリドコロ	ハダカホオズキ
ゴマノハグサ科	シコクママコナ	
スイカズラ科	ゴマギ	
キク科	ヒヨドリバナ, ハンカイソウ	テバコモミジガサ, ヒメアザミ, ツクシアザミ, オタカラコウ, ノブキ
ユリ科	ウバユリ	
ヒガンバナ科	オオキツネノカミソリ	ヒガンバナ
イグサ科		イ, クサイ
イネ科	ヤマカモジグサ, ススキ, ヒメノガリヤス, ササガヤ, アシボソ	チヂミザサ, ヌカボ, ススキ
サトイモ科	マムシグサ, ツクシマムシグサ, ミツバテンナンショウ, ヒロハテンナンショウ, オオハンゲ	
カヤツリグサ科		オクノカンスゲ, シラスゲ, ヒメシラスゲなどスゲ属全般
シダ植物	ヒメワラビ, ジュウモンジシダ, ミヤマクマワラビ, コバノイシカグマ, ヤワラシダ	ゲジゲジシダ, キジノオシダ, ヤマヤブソテツ, リョウメンシダ, シシガシラ, ナンゴクナライシダ, ツヤナシイノデなどシダ植物全般

イジンソウなどのトリカブト属の植物はアコニチン，エサコニチン，ヒパコニチンなどの猛毒のアルカロイドをもつ。ハシリドコロの猛毒成分はヒヨスチアミン，アトロピン，スコポラミンなどのアルカロイドである。オオキツネノカミソリはヒガンバナ属でリコリンやセキサミニンなど多種のアルカロイドを含み有毒である。ハダカホオズキには有毒物質のソラニンが含まれ，ヤマゴボウ属は有毒のアルカロイドやサポニンを根茎にもつ。サトイモ科のテンナンショウ属やハンゲ属の植物も有毒物質を含んでいる。また，ミツマタには有毒の配糖体が含まれている。

②臭い成分の存在

シカの忌避植物であるサンインヤマトリカブト（左）とヤマシャクヤク（右）

臭いを嫌っていると思われるものとして次のようなものがある。

マツカゼソウはカリオイレンやガンマ・カジネンなどの精油成分，ナギナタコウジュはエルショルチアケトンなど数種の精油成分をもつ。レモンエゴマはエゴマの突然変異でできたものといわれるがレモンのような臭いをもつ，エゴマはこの地方には存在しないが，いやな臭いの「荏油」をとり利用されてきた。サンショウは刺をもち葉はサンショオールなどの辛味成分とジペンテンやシトロネラールなどの香り成分をもっている。クスノキ科のクロモジ属は英彦山地にはカナクギノキ，ケクロモジ，ウスゲクロモジ，アブラチャン，ヤマコウバシ，シロモジ，ダンコウバイの7種があるが，それぞれ特有の強い香気を発するためシカにはあまり好まれない。

③刺や針をもつ植物

口のまわりや口の中に刺さるような植物は敬遠するようである。アザミの仲間ではツクシアザミとヒメアザミが多い。どちらとも食べるが，ツクシアザミは地際の刺の激しい葉は残しており，ヒメアザミは初夏の頃まで茎葉を食べるが，あまり積極的には食べないので全個体の半分くらいに花がつく。ナガバノモミジイチゴやクマイチゴなどの葉も食べないことはないが，刺が刺さるためか多くを残している。ヒメバライチゴはほとんど刺はないのに今のところは忌避植物であり大きな群落ができている。サンショウは県立英彦山青年の家の前の杉山の中などで急増している。イラクサ属のイラクサやムカゴイラクサには茎や葉に刺毛があって，人はそれに触れると蟻酸や酪酸のような刺激性酸性物質が注入され痛みやかゆみが出てひどい目にあう。

④地面を這う植物，小型の植物

シカは口唇の関係で高さ約3cm以下の植物，例えばロゼット葉や小形のつる性植物などは食べ難い。

英彦山地ではまれなアワゴケは地面を這って広がる小さな植物で他の植物とは共存できない。しかし求菩提山のかつての坊跡では一面にこれが広がっていた。これはアワゴケの中に生える植物をシカが食べてしまうからで，アワゴケはシカに守り育てられていると思えた。そのほかヒメチドメ，コガネネコノメソウ，シロバナネコノメソウ，コタチツボスミレなどの小型の植物も食害を受けない。

▶シカがいて増える植物

　シカの忌避植物であるマツカゼソウ，レモンエゴマ，ヒメワラビ（その他のシダ植物も含めて）は単独ないしそれらが混ざってすでに大群落を形成した所がある。今後シカが増え続ければ食害を受ける種類はますます増加し，受けない種類だけが生き残り繁殖していくことになる。現状でも表にあげたような忌避ないし不嗜好の種類を除くすべての種類がシカの食害による絶滅危惧種であるといっても過言ではない。それほど深刻な状況になっている。

　福岡県のレッドデータブック2001で絶滅危惧種に指定された英彦山地の植物の中でヒロハテンナンショウとテツカエデは絶滅危惧種ⅠA類に，ヤマシャクヤク，オオバアサガラ，オオルリソウ，ルイヨウボタンは絶滅危惧ⅠB類に，タンナトリカブト（英彦山地のものはサンインヤマトリカブトであった），ツクシガシワ，クロフネサイシンは絶滅危惧種Ⅱ類に，ハシリドコロやミツバテンナンショウは準絶滅危惧に指定されているが，これらはいずれも忌避植物か不嗜好植物であり，今後のレッドデータブックの改定ではカテゴリーが下方修正される種類が出てくるものと思われる。すでにオオバアサガラ，ルイヨウボタン，オオルリソウ，ツクシガシワなどは2000年当時からすると相当増えている。

花ごよみ

　登山道や神社の参道で比較的ふつうに見られる植物を中心に平均的な開花期や果実の色づく時期などを示した。春の植物の開花期は冬から早春にかけての気温に左右されることが多く，また，標高や地形などの要因によっても変るので1－2週間のずれを生じる。最近はシカによる食害がひどく，特に草本植物の衰退が目立つ。

■表7　花ごよみ

		草本植物	木本植物
3月		ミスミソウ，ユリワサビ，セリバオウレン，ホソバナコバイモ，ケマルバスミレ	マンサク，ゲンカイツツジ
4月	上旬	ヤマルリソウ，ネコノメソウ，ツクシショウジョウバカマ	守静坊の枝垂桜，ヤシャブシ
	中旬	ミツバテンナンショウ，サバノオ，ハルトラノオ，エイザンスミレ，タチツボスミレ，イチリンソウ，オオチャルメルソウ，コガネネコノメソウ，シロバナネコノメソウ，ヤマネコノメソウ，ヒメエンゴサク	桜の馬場のヤマザクラ，ケクロモジ，アブラチャン，シロモジ，タムシバ，ダンコウバイ，キブシ
	下旬	フウロケマン，ハシリドコロ，ツクバネソウ，コミヤマカタバミ，ミツバコンロンソウ，コンロンソウ，マルバコンロンソウ，ヤマウツボ，マムシグサ，ミヤマハコベ，ワチガイソウ，シコクスミレ，コミヤマスミレ，フデリンドウ，ヒトリシズカ，ミズタビラコ	ブナ，オオカメノキ，コバノガマズミ，マルバアオダモ，ヤマフジ，イワガサ，ヒカゲツツジ，サワグルミ，ミズナラ
5月	上旬	ラショウモンカズラ，サツマイナモリ，ヤマシャクヤク，ツルキンバイ，クロフネサイシン，ルイヨウボタン，ヒメレンゲ，ミツバテンナンショウ，ヒメナベワリ，フッキソウ	コバノミツバツツジ，ハイノキ，ウワミズザクラ，ミツバウツギ，ツルミヤマシキミ，レンゲツツジ
	中旬	シャガ，タイリンアオイ，フタバアオイ，コケイラン，キンラン，ギンラン，ユキザサ，ホウチャクソウ，ヒメバライチゴ，ツクシタニギキョウ，オオキヌタソウ	ツクシシャクナゲ，ブンゴウツギ，ホオノキ，オトコヨウゾメ，ヤマフジ，ヤマグルマ，アサガラ，コバノガマズミ，トチノキ
	下旬	ツクシマムシグサ，ミヤマナルコユリ，ギンリョウソウ，クルマムグラ，フタリシズカ，ツクシタンポポ，タチシオデ，セッコク，オウギカズラ	ナンキンナナカマド，ゴマギ，ツリバナ，カマツカ，コツクバネウツギ，コガクウツギ，ツクシヤブウツギ，ウラジロノキ，ガマズミ，コヤブデマリ
6月	上旬	ヒメウワバミソウ，オオチャルメルソウ，サワルリソウ，ナルコユリ，タチシオデ，イナモリソウ，ミヤマナルコユリ，トチバニンジン	オオヤマレンゲ，ベニドウダン，ネジキ，ツルアジサイ，イワガラミ，ヤマフジ，ウツギ，オオバアサガラ，クマノミズキ，ヒコサンヒメシャラ，ノグルミ，ハナイカダ
	中旬	ツクシタツナミソウ，オオナルコユリ，ヤマトウバナ，ミゾホオズキ，マルミノヤマゴボウ，ヤマキツネノボタン，ヒロハテンナンショウ，ユキノシタ，ツクシガシワ，ケハンショウヅル，コバノフユイチゴ	ナツハゼ，シモツケ，エゴノキ，モミジウリノキ，アワブキ，コミネカエデ，タンナサワフタギ，ヤマツツジ

		草本植物	木本植物
	下旬	サワギク，ヤマゴボウ，クモキリソウ	ヤマシグレ，ヤマアジサイ，シラキ，ユクノキ
7月	上旬	タカネマンネングサ，ウンゼンマンネングサ，オカトラノオ，イチヤクソウ，オオハンゲ，ハンカイソウ	リョウブ，コウツギ，ヤマアジサイ
	中旬	アカショウマ，ヒナノウスツボ，フガクスズムシソウ，オオルリソウ	キハギ，ヤナギイボタ
	下旬	ヒヨドリバナ，キツリフネ，コオニユリ，タマガワホトトギス，オオキツネノカミソリ，ツクシガシワ，ヤマブキショウマ，オウギカズラ，ダイコンソウ，アキノタムラソウ，キクバヒヨドリ	ナツツバキ
8月	上旬	クサアジサイ，イワタバコ，テバコモミジガサ，ヤマホトトギス，ウバユリ，トチバニンジン（赤果）	ノリウツギ
	中旬	サイコクイワギボウシ，モミジガサ，オオルリソウ	ゴマギ（赤果）
	下旬	シコクママコナ，モミジハグマ，ノブキ，ソバナ	ホツツジ
9月	上旬	ツクシアザミ，マツカゼソウ，モミジガサ，クロクモソウ	
	中旬	ツリフネソウ，オタカラコウ，アキチョウジ，オオバショウマ，ツルニンジン，ミヤマタニソバ，アキノキリンソウ，オオマルバノテンニンソウ	ツリバナ（果実）
	下旬	フクオウソウ，アケボノソウ，アオベンケイ，ダイモンジソウ，ジンジソウ，ヒメアザミ，ヤマアザミ，モミジハグマ	
10月	上旬	サンインヤマトリカブト，サラシナショウマ	山頂部紅葉開始，オトコヨウゾメ（赤果），ナンキンナナカマド（赤果），ウスゲクロモジ（黒果），アオハダ（赤果）
	中・下旬	ツルリンドウ，ナギナタコウジュ，キッコウハグマ	ナガバノコウヤボウキ，フウリンウメモドキ（赤果），イチイ（赤果），ウスノキ（赤果），マユミ（赤果）
11月	上旬		標高800m付近紅葉

解説・資料編 | 277

索 引

種 名

▶ア

アオダモ（コバノトネリコ）　モクセイ科　140
アオハダ　モチノキ科　108
アオベンケイ　ベンケイソウ科　71
アオホオズキ　ナス科　156
アカショウマ　ユキノシタ科　72
アキチョウジ　シソ科　153
アクシバ　ツツジ科　127
アケボノソウ　リンドウ科　142
アサガラ　エゴノキ科　137
アセビ　ツツジ科　127
アブラチャン　クスノキ科　49
アヤメ　アヤメ科　185
アワゴケ　アワゴケ科　149
アワブキ　アワブキ科　105

▶イ

イイギリ　イイギリ科　112
イソノキ　クロウメモドキ科　109
イチイ（アララギ）　イチイ科　31
イチヤクソウ　イチヤクソウ科　126
イチリンソウ　キンポウゲ科　51
イナモリソウ　アカネ科　147
イヌザクラ（シロザクラ）　バラ科　84, 213
イヌブナ　ブナ科　38
イロハモミジ（イロハカエデ）　カエデ科　98
イワオモダカ　ウラボシ科　211
イワガサ　バラ科　91
イワガラミ　ユキノシタ科　81
イワタバコ　イワタバコ科　157
イワネコノメソウ　ユキノシタ科　73
イワヒバ（イワマツ）　イワヒバ科　206

▶ウ

ウスゲクロモジ　クスノキ科　49

ウスノキ　ツツジ科　135
ウチョウラン　ラン科　199
ウツギ（ウノハナ）　ユキノシタ科　75
ウバユリ　ユリ科　178
ウメガサソウ　イチヤクソウ科　124
ウラジロイチゴ（エビガライチゴ）　バラ科　89
ウラジロノキ　バラ科　90
ウリカエデ　カエデ科　101, 214
ウリハダカエデ　カエデ科　101, 214
ウワミズザクラ　バラ科　85
ウンゼンカンアオイ　ウマノスズクサ科　60
ウンゼンマンネングサ　ベンケイソウ科　70

▶エ

エイザンスミレ　スミレ科　114
エゴノキ　エゴノキ科　138
エドヒガン　バラ科　213
エドヒガン「守静坊の枝垂桜」　バラ科　86
エビネ　ラン科　191
エンコウソウ　キンポウゲ科　52

▶オ

オウギカズラ　シソ科　151
オオカメノキ（ムシカリ）　スイカズラ科　162, 215
オオキツネノカミソリ　ヒガンバナ科　184
オオキヌタソウ　アカネ科　146
オオチャルメルソウ　ユキノシタ科　78
オオナルコユリ　ユリ科　182
オオバアサガラ　エゴノキ科　138
オオバショウマ　キンポウゲ科　53
オオバノヤエムグラ　アカネ科　145
オオハンゲ　サトイモ科　189
オオマルバノテンニンソウ（ツクシミカエリソウ）　シソ科　152

オオモミジ（ヒロハモミジ）　カエデ科　98
オオモミジガサ　キク科　168
オオヤマレンゲ　モクレン科　47
オオルリソウ　ムラサキ科　148
オカトラノオ　サクラソウ科　136
オククルマムグラ　アカネ科　145
オサシダ　シシガシラ科　210
オシャグジデンダ　ウラボシ科　210
オタカラコウ　キク科　174
オトコヨウゾメ　スイカズラ科　163，215
オニイタヤ（ケイタヤ）　カエデ科　103，212
オニコナスビ　サクラソウ科　136

▶カ

カザグルマ　キンポウゲ科　54
カジカエデ（オニモミジ）　カエデ科　102
カツラ　カツラ科　212
カヤラン　ラン科　201
カリガネソウ　クマツヅラ科　149

▶キ

キエビネ　ラン科　191
キガンピ　ジンチョウゲ科　113
キクバヒヨドリ　キク科　173
キツリフネ　ツリフネソウ科　107
キハギ　マメ科　94
キバナノショウキラン　ラン科　203
キブシ　キブシ科　118
キランソウ　シソ科　150
キリンソウ　ベンケイソウ科　69
キンラン　ラン科　193
ギンラン　ラン科　192
ギンリョウソウ（ユウレイタケ）　イチヤクソウ科　125
ギンリョウソウモドキ　イチヤクソウ科　125

▶ク

クサアジサイ　ユキノシタ科　72
クサイチゴ　バラ科　88
クサヤツデ　キク科　172
クマイザサ　イネ科　186
クマイチゴ　バラ科　87

クマガイソウ　ラン科　195
クマシデ　カバノキ科　35
クマノミズキ　ミズキ科　121
クマヤナギ　クロウメモドキ科　109
クモキリソウ　ラン科　198
クルマムグラ　アカネ科　144
クロクモソウ　ユキノシタ科　80
クロタキカズラ　クロタキカズラ科　112
クロヅル　ニシキギ科　111
クロフネサイシン　ウマノスズクサ科　61

▶ケ

ケアクシバ　ツツジ科　127
ケカマツカ　バラ科　84
ケクロモジ　クスノキ科　48，215
ケハンショウヅル　キンポウゲ科　53
ケマルバスミレ　スミレ科　115
ケヤキ　ニレ科　213
ケヤマハンノキ　カバノキ科　35
ゲンカイツツジ　ツツジ科　131，215

▶コ

コウツギ　ユキノシタ科　75
コオニユリ　ユリ科　180
コガクウツギ　ユキノシタ科　76
コガネネコノメソウ　ユキノシタ科　74
コケイラン　ラン科　200
コケミズ　イラクサ科　41
コシアブラ　ウコギ科　122
コックバネウツギ　スイカズラ科　160
コハウチワカエデ（イタヤメイゲツ）　カエデ科　99
コバギボウシ　ユリ科　180
コバノガマズミ　スイカズラ科　162
コバノフユイチゴ　バラ科　87
コバノミツバツツジ　ツツジ科　132
コフウロ　フウロソウ科　95
ゴマギ　スイカズラ科　164
コミネカエデ　カエデ科　100，214
コミヤマカタバミ　カタバミ科　95
コミヤマスミレ　スミレ科　115
コヤブデマリ　スイカズラ科　163

索引 279

ゴヨウマツ(ヒメコマツ)　マツ科　28
コンロンソウ　アブラナ科　67

▶サ

サイカチ　マメ科　93
サイゴクイボタ　モクセイ科　141
サイゴクイワギボウシ　ユリ科　181
サイゴクミツバツツジ　ツツジ科　132
サイハイラン　ラン科　193
サバノオ　キンポウゲ科　55
サラシナショウマ　キンポウゲ科　52
サルナシ　マタタビ科　62
サルメンエビネ　ラン科　192
サワギク　キク科　177
サワグルミ　クルミ科　34
サンインヤマトリカブト　キンポウゲ科　50
サンヨウアオイ　ウマノスズクサ科　60

▶シ

シオジ　モクセイ科　140, 212
ジガバチソウ　ラン科　199
シコクスミレ(ハコネスミレ)　スミレ科　117
シコクママコナ　ゴマノハグサ科　158
シモツケ　バラ科　90
シモツケソウ　バラ科　83
シュスラン(ビロードラン)　ラン科　197
シラキ　トウダイグサ科　96, 215
シロテンマ　ラン科　197
シロバナネコノメソウ　ユキノシタ科　73
ジロボウエンゴサク　ケシ科　64
シロモジ　クスノキ科　49, 215
ジンジソウ　ユキノシタ科　79
ジンバイソウ　ラン科　201

▶ス

スギ　スギ科　30
スズサイコ　ガガイモ科　143
スズタケ　イネ科　186
スズムシバナ　キツネノマゴ科　157

▶セ

セッコク　ラン科　195

セリバオウレン　キンポウゲ科　54
センダイソウ　ユキノシタ科　81

▶ソ

ソバナ　キキョウ科　166

▶タ

ダイモンジソウ　ユキノシタ科　80
タイリンアオイ　ウマノスズクサ科　59
タカクマヒキオコシ　シソ科　153
タカネハンショウヅル　キンポウゲ科　53
タカネマンネングサ　ベンケイソウ科　71
タカノツメ　ウコギ科　122, 214
タケニグサ　ケシ科　66
タチゲヒカゲミズ　イラクサ科　41
タチシオデ　ユリ科　182
タチツボスミレ　スミレ科　114
タチネコノメソウ　ユキノシタ科　74
タニタデ　アカバナ科　119
タマガワホトトギス　ユリ科　183
タムシバ　モクレン科　46
ダンコウバイ　クスノキ科　48, 215
タンナサワフタギ　ハイノキ科　139

▶チ

チゴユリ　ユリ科　179
チドリノキ(ヤマシバカエデ)　カエデ科　101

▶ツ

ツガ(トガ)　マツ科　29
ツクシアザミ　キク科　171
ツクシガシワ　ガガイモ科　143
ツクシシャクナゲ　ツツジ科　130
ツクシショウジョウバカマ　ユリ科　179
ツクシタツナミソウ　シソ科　154
ツクシタニギキョウ　キキョウ科　166
ツクシタンポポ　キク科　177
ツクシトウヒレン　キク科　176
ツクシマムシグサ(ナガハシマムシソウ)　サトイモ科　189
ツクシヤブウツギ　スイカズラ科　165
ツクバネソウ　ユリ科　181

ツタウルシ　ウルシ科　96, 215
ツチアケビ　ラン科　196
ツツイイワヘゴ　オシダ科　208
ツメレンゲ　ベンケイソウ科　69
ツリバナ　ニシキギ科　110
ツリフネソウ　ツリフネソウ科　106
ツルアジサイ（ゴトウヅル）　ユキノシタ科　78
ツルアリドウシ　アカネ科　146
ツルキンバイ　バラ科　83
ツルデンダ　オシダ科　209
ツルニガクサ　シソ科　155
ツルミヤマシキミ（ツルシキミ）　ミカン科　97
ツルリンドウ　リンドウ科　142

▶テ

テツカエデ　カエデ科　100
テバコモミジガサ　キク科　169

▶ト

トケンラン　ラン科　194
トチノキ　トチノキ科　104
トチバニンジン　ウコギ科　122

▶ナ

ナガバタチツボスミレ　スミレ科　116
ナガバノコウヤボウキ　キク科　175
ナガバヤブマオ　イラクサ科　39
ナガミノツルケマン　ケシ科　65
ナギナタコウジュ　シソ科　151
ナツツバキ（シャラノキ）　ツバキ科　63
ナツトウダイ　トウダイグサ科　96
ナツハゼ　ツツジ科　135
ナンキンナナカマド　バラ科　89
ナンゴクウラシマソウ　サトイモ科　189

▶ニ

ニオイタチツボスミレ　スミレ科　116
ニシキゴロモ　シソ科　150
ニシノヤマタイミンガサ　キク科　169

▶ネ

ネコノメソウ　ユキノシタ科　73

ネジキ　ツツジ科　131
ネズミサシ（ネズ）　ヒノキ科　30

▶ノ

ノグルミ　クルミ科　34
ノリウツギ　ユキノシタ科　77

▶ハ

バイカツツジ　ツツジ科　133
ハイノキ　ハイノキ科　139
ハガクレツリフネ　ツリフネソウ科　106
ハコネシダ　ホウライシダ科　207
ハシリドコロ　ナス科　156
ハナイカダ　ミズキ科　121
ハナウド　セリ科　123
ハネミイヌエンジュ　マメ科　93
ハルトラノオ　タデ科　43
ハンカイソウ　キク科　175

▶ヒ

ヒカゲツツジ　ツツジ科　129
ヒコサンヒメシャラ　ツバキ科　63, 213
ヒトツボクロ　ラン科　202
ヒトリシズカ　センリョウ科　58
ヒナウチワカエデ　カエデ科　99
ヒナノウスツボ　ゴマノハグサ科　159
ヒナラン　ラン科　190
ヒメアザミ（ヒメヤマアザミ）　キク科　170
ヒメウラシマソウ　サトイモ科　187
ヒメウラジロ　ホウライシダ科　206
ヒメウワバミソウ　イラクサ科　40
ヒメエンゴサク　ケシ科　65
ヒメガンクビソウ　キク科　172
ヒメキンミズヒキ　バラ科　82
ヒメシャガ　アヤメ科　185
ヒメナベワリ　ビャクブ科　184
ヒメバライチゴ　バラ科　88
ヒメレンゲ　ベンケイソウ科　70
ヒヨドリバナ　キク科　173
ヒロハテンナンショウ　サトイモ科　188

マンサク　マンサク科　68

▶ミ

ミズタビラコ　ムラサキ科　148
ミズナラ　ブナ科　38, 213
ミスミソウ　キンポウゲ科　51
ミゾホオズキ　ゴマノハグサ科　159
ミツデカエデ　カエデ科　102, 213
ミツバウツギ　ミツバウツギ科　107
ミツバコンロンソウ　アブラナ科　67
ミツバテンナンショウ　サトイモ科　188
ミツマタ　ジンチョウゲ科　113
ミヤコアオイ　ウマノスズクサ科　59
ミヤマウグイスカグラ　スイカズラ科　160
ミヤマウズラ　ラン科　196
ミヤマガマズミ　スイカズラ科　165
ミヤマカラマツ　キンポウゲ科　56
ミヤマクマワラビ　オシダ科　208
ミヤマシキミ　ミカン科　97
ミヤマタニソバ　タデ科　43
ミヤマタニタデ　アカバナ科　119
ミヤマトベラ　マメ科　92
ミヤマナミキ　シソ科　155
ミヤマナルコユリ　ユリ科　181
ミヤマハコベ　ナデシコ科　45
ミヤマハハソ　アワブキ科　105
ミヤマムグラ　アカネ科　144
ミヤマヨメナ　キク科　173

▶ム

ムカゴイラクサ　イラクサ科　40
ムクロジ（ムク）　ムクロジ科　104

▶メ

メギ　メギ科　57
メグスリノキ　カエデ科　103, 213, 214
メタカラコウ　キク科　174

▶モ

モミ　マツ科　28, 213
モミジウリノキ　ウリノキ科　120
モミジガサ　キク科　168

▶フ

フイリシハイスミレ　スミレ科　117
フウリンウメモドキ　モチノキ科　108
フウロケマン　ケシ科　66
フガクスズムシソウ　ラン科　198
フクオウソウ　キク科　176
フジシダ　コバノイシカグマ科　209
ブゼンノギク　キク科　167
フタバアオイ　ウマノスズクサ科　61
フタリシズカ　センリョウ科　58
フッキソウ　ツゲ科　111
フデリンドウ　リンドウ科　142
ブナ　ブナ科　36, 214
ブンゴウツギ　ユキノシタ科　76

▶ヘ

ベニドウダン　ツツジ科　134, 214
ヘラノキ　シナノキ科　109

▶ホ

ホウチャクソウ　ユリ科　179
ホウライシダ　ホウライシダ科　207
ボウラン　ラン科　200
ホオノキ　モクレン科　46
ホソバナコバイモ　ユリ科　178
ホツツジ　ツツジ科　133

▶マ

マダイオウ　タデ科　43
マタタビ　マタタビ科　62
マツカゼソウ　ミカン科　97
マツグミ　ヤドリギ科　42
マツラン（ベニカヤラン）　ラン科　201
マムシグサ　サトイモ科　187
マメヅタラン　ラン科　190
マユミ　ニシキギ科　110
マルバアオダモ（ホソバアオダモ）　モクセイ科　140
マルバコンロンソウ　アブラナ科　67
マルバノイチヤクソウ　イチヤクソウ科　126
マルミノヤマゴボウ　ヤマゴボウ科　44

モミジカラスウリ　ウリ科　118
モミジハグマ　キク科　167

▶ヤ

ヤシャビシャク　ユキノシタ科　79
ヤシャブシ　カバノキ科　34
ヤドリギ　ヤドリギ科　42
ヤナギアザミ　キク科　170
ヤナギイボタ(ハナイボタ)　モクセイ科　141
ヤマアザミ(ツクシヤマアザミ)　キク科　171
ヤマアジサイ　ユキノシタ科　77
ヤマウツボ　ゴマノハグサ科　158
ヤマキツネノボタン　キンポウゲ科　55
ヤマグルマ(トリモチノキ)　ヤマグルマ科　47
ヤマゴボウ　ヤマゴボウ科　44
ヤマザクラ　バラ科　86
ヤマシグレ　スイカズラ科　164
ヤマシャクヤク　ボタン科　64
ヤマタツナミソウ　シソ科　154
ヤマツツジ　ツツジ科　129
ヤマトウバナ　シソ科　151
ヤマトキホコリ　イラクサ科　39
ヤマネコノメソウ　ユキノシタ科　74
ヤマヒョウタンボク　スイカズラ科　161
ヤマブキショウマ　バラ科　82
ヤマブキソウ　ケシ科　66
ヤマフジ　マメ科　94

ヤマボウシ　ミズキ科　120
ヤマホトトギス　ユリ科　183
ヤマルリソウ　ムラサキ科　148

▶ユ

ユキザサ　ユリ科　182
ユクノキ(ミヤマフジキ)　マメ科　92
ユリワサビ　アブラナ科　68

▶ヨ

ヨロイグサ　セリ科　123

▶ラ

ラショウモンカズラ　シソ科　152

▶リ

リュウキュウマメガキ　カキノキ科　137
リョウブ　リョウブ科　124

▶ル

ルイヨウボタン　メギ科　57
レイジンソウ　キンポウゲ科　50
レンゲツツジ　ツツジ科　128

▶ワ

ワサビ　アブラナ科　68
ワチガイソウ　ナデシコ科　45

科　名

▶ア

アカネ科　144
アカバナ科　119
アブラナ科　67
アヤメ科　185
アワゴケ科　149
アワブキ科　105
イイギリ科　112
イチイ科　31
イチヤクソウ科　124
イネ科　186
イラクサ科　39

イワタバコ科　157
イワヒバ科　206
ウコギ科　122
ウマノスズクサ科　59
ウラボシ科　210
ウリノキ科　120
ウリ科　118
ウルシ科　96
エゴノキ科　137
オシダ科　208

▶カ

カエデ科　98

索引 283

ガガイモ科　143
カキノキ科　137
カタバミ科　95
カバノキ科　34
キキョウ科　166
キク科　167
キツネノマゴ科　157
キブシ科　118
キンポウゲ科　50
クスノキ科　48
クマツヅラ科　149
クルミ科　34
クロウメモドキ科　109
クロタキカズラ科　112
ケシ科　64
コバノイシカグマ科　209
ゴマノハグサ科　158

▶サ

サクラソウ科　136
サトイモ科　187
シシガシラ科　210
シソ科　150
シナノキ科　109
ジンチョウゲ科　113
スイカズラ科　160
スギ科　30
スミレ科　114
セリ科　123
センリョウ科　58

▶タ

タデ科　43
ツゲ科　111
ツツジ科　127
ツバキ科　63
ツリフネソウ科　106
トウダイグサ科　96
トチノキ科　104

▶ナ

ナス科　156

ナデシコ科　45
ニシキギ科　110

▶ハ

ハイノキ科　139
バラ科　82
ヒガンバナ科　184
ヒノキ科　30
ビャクブ科　184
フウロソウ科　95
ブナ科　36
ベンケイソウ科　69
ホウライシダ科　206
ボタン科　64

▶マ

マタタビ科　62
マツ科　28
マメ科　92
マンサク科　68
ミカン科　97
ミズキ科　120
ミツバウツギ科　107
ムクロジ科　104
ムラサキ科　148
メギ科　57
モクセイ科　140
モクレン科　46
モチノキ科　108

▶ヤ

ヤドリギ科　42
ヤマグルマ科　47
ヤマゴボウ科　44
ユキノシタ科　72
ユリ科　178

▶ラ

ラン科　190
リョウブ科　124
リンドウ科　142

参考文献

荒金正憲，2003，豊の国大分の植物誌，大分の自然に生きる植物

石田弘明ほか，2007，扇ノ山のブナ林におけるササ被度と林床植生の種構成および種多様性の関係，植物地理・分類研究 Vol.55 No.1

池田浩一，2001，福岡県におけるニホンジカの生息および被害状況について，福岡県森林研報3

池田浩一，2005，福岡県におけるニホンジカの保護管理に関する研究，福岡県森林研報6

井田秀行，2005，なぜ豪雪地ではブナが純林となるのか　葉群フェノロジーの観点からの一考察，植物地理・分類研究 Vol.53 No.2

井上晋・山野辺捷雄，2001，九州のブナ天然林の生態に関する研究(Ⅳ)　英彦山山系天然林の植生的特性，日林九支研論54

井上哲也，2001，犀川町の植物調査Ⅴ（本庄周辺及び犀川町全体），筑豊博物第46号

井上信義・野田亮・佐々木重行，2002，福岡県英彦山におけるブナ林の衰退現象と立地との関係，福岡県森林研報55

大分県植物誌刊行会，1989，新版大分県植物誌

大内準，1957，彦山植物目録Ⅰ　シダ植物及び種子植物，九州大学彦山生物学研究所

大内準，1958，英彦山の植物，九州大学彦山生物学研究所

奥山春季，1974，日本植物ハンドブック，八坂書房

小田毅ほか，1978，鷹ノ巣山の植物社会とフロラ，大分県文化財調査報告書

片野田逸朗，2004，九州野山の花，南方新社

熊谷信孝，1972，英彦山の植生，生物福岡12

熊谷信孝，1988，英彦山の植物，日本の生物2(10)

熊谷信孝，1990，英彦山のブナ林の調査，生物福岡30

熊谷信孝，1992，英彦山地の自然と植物，葦書房

熊谷信孝，2006，英彦山の植物（一・二・三），西日本文化422・423・424号

熊谷信孝，2006，中高年のための登山学　登山道で出会える花　中国・四国・九州エリア（英彦山を執筆），日本放送出版協会

佐竹義輔ほか，日本の野生植物　全6巻，平凡社

佐藤武之，1994，九州の野の花　全3巻，西日本新聞社

谷本丈夫，1990，森林からのメッセージ⑤　広葉樹施業の生態学，創文

筒井貞雄，1989，福岡県植物目録Ⅰ　シダ植物，福岡植物研究会

筒井貞雄編，1992，福岡県植物目録Ⅱ　福岡植物研究会

戸丸信弘，2004，ブナ林の歴史と分化，

林業技術No.747

戸丸信弘，2007，遺伝子の来た道：ブナ集団の歴史と遺伝的変異，種生物学会編，森の分子生態学，文一総合出版

永井直，1989，英彦山の山歩き，葦書房

中島一男，1952，福岡県植物目録，福岡県林業試験場

英彦山団研グループ，1984，九州北部，英彦山地域の後期新生代火山層序および地質構造，地質学論集24

英彦山団研グループ，1987，北部九州英彦山地域の鮮新世火山活動と構造運動，地団研専報33

英彦山団研グループ・木戸道男，1987，北中部九州・英彦山・津江地域の中新世と鮮新世の構造運動および火山活動，地団研専報33

福岡県高等学校生物部会編，1975，福岡県植物誌

益村聖，1995，九州の花図鑑，海鳥社

南谷忠志，2005，南九州の新分類群の植物とその保全　分類：5巻2号

宮脇昭編，1981，日本植生誌　九州，至文堂

環境庁編，2000，改訂　日本の絶滅のおそれのある野生生物　レッドデータブック8　生物（維管束植物）

福岡県，2001，福岡県の希少野生生物　福岡県レッドデータブック2001

大分県自然環境学術調査会野生生物専門部会編，2001，レッドデータブックおおいた　大分県の絶滅のおそれのある野生生物，大分県

熊本県希少野生動植物検討委員会編，1998，熊本県の保護上重要な野生動植物　レッドデータブックくまもと，熊本県

佐賀県希少野生生物調査会編，2001，佐賀県の絶滅のおそれのある野生動植物　レッドデータブックさが，佐賀県

あとがき

　英彦山地の自然や植物に魅せられて山を歩いて三十数年になる。登るごとに新しい出会いがあり，1991年の台風のような大きな出来事にも遭遇した。拙著はこれまで長年にわたって山を記録してきたことの一端である。

　稿を終えるにあたり，これまで御協力をいただいた方々に厚くお礼申し上げます。特にみやこ町立犀川中学校教諭の井上哲也氏，英彦山ボランティアガイドの植田周平氏，元福岡植物研究会幹事の筒井貞雄氏，豊前市教育委員会の林川英昭氏の方々には山の道案内や植物の生育地などを教えていただいた。小郡市の小賀佳好氏からは生育状況を教えていただき，福岡県立田川高校教諭の豊福成史氏には調査に御協力いただき，福岡県職員の佐藤庸一氏とはブナ林の保全活動を共にしていただいている。元農林事務所職員の宮下良治氏には全国のブナ林に関する情報を寄せていただいた。その他，ブナ林再生のために積極的に係わってこられた英彦山霊山会会長の永井直氏とその会員の方々，ボランティアでブナの種子拾いや植樹に参加された皆さん，福岡県立英彦山青年の家の職員の方々にも大変御協力をいただいた。

　最後に出版にあたり海鳥社社長西俊明氏，同編集部の杉本雅子氏，田島卓氏には大変お世話になった。厚くお礼を申し上げる。

　　2010年7月

　　　　　　　　　　　　　　　　　　　　　　　　　　　熊谷信孝

熊谷信孝（くまがえ・のぶたか）
1936年　福岡県田川郡赤池町上野に生まれる。
1960年　岡山大学理学部生物学科卒業。
福岡県立田川高等学校教諭（1962－1997年），植物地理・分類学会会員，KBC 水と緑の委員会委員，福岡県環境教育アドバイザー，日本自然保護協会自然観察指導員など。専門は植物形態学および生態学。
1997年　福岡県教育文化功労者表彰。
専門分野の論文のほか，著書に『香春岳の自然』『英彦山地の自然と植物』（葦書房），『貫・福智山地の自然と植物』（海鳥社），共著として『福岡県の希少野生生物　福岡県レッドデータブック2001』（福岡県），『筑豊を歩く』（海鳥社），『中高年のための登山学　登山道で出会える花　中国・四国・九州エリア』（日本放送出版協会），『赤池町史』『添田町史』『川崎町史』『庄内町誌』『香春町史』などがある。
住所：福岡県田川郡福智町上野2021－3

英彦山・犬ヶ岳山地の自然と植物

■

2010年8月1日　第1刷発行

■

著　者　熊谷信孝
発行者　西　俊明
発行所　有限会社海鳥社
〒810－0072　福岡市中央区長浜3丁目1番16号
電話092(771)0132　FAX092(771)2546
印刷・製本　有限会社九州コンピュータ印刷
ISBN978-4-87415-780-0
http://www.kaichosha-f.co.jp
［定価は表紙カバーに表示］